阅读成就思想……

Read to Achieve

母爱向左，焦虑向右

母性矛盾心理解析

[美] 芭芭拉·阿蒙德（Barbara Almond） 著
何莹 译

THE MONSTER WITHIN

The Hidden Side of Motherhood

中国人民大学出版社
·北京·

图书在版编目（CIP）数据

母爱向左，焦虑向右：母性矛盾心理解析 /（美）芭芭拉·阿蒙德（Barbara Almond）著；何莹译 . -- 北京：中国人民大学出版社，2019.4

书名原文：The Monster Within: The Hidden Side of Motherhood

ISBN 978-7-300-26754-8

Ⅰ．①母… Ⅱ．①芭… ②何… Ⅲ．①女性心理学Ⅳ．① B844.5

中国版本图书馆 CIP 数据核字（2019）第 028582 号

母爱向左，焦虑向右：母性矛盾心理解析

[美]芭芭拉·阿蒙德（Barbara Almond） 著

何莹 译

Muai Xiangzuo, Jiaolü Xiangyou: Muxing Maodun Xinli Jiexi

出版发行	中国人民大学出版社		
社　　址	北京中关村大街 31 号	**邮政编码**	100080
电　　话	010-62511242（总编室）		010-62511770（质管部）
	010-82501766（邮购部）		010-62514148（门市部）
	010-62515195（发行公司）		010-62515275（盗版举报）
网　　址	http://www.crup.com.cn		
	http://www.ttrnet.com（人大教研网）		
经　　销	新华书店		
印　　刷	天津中印联印务有限公司		
规　　格	170mm×230mm　16 开本	**版　　次**	2019 年 4 月第 1 版
印　　张	16　插页 1	**印　　次**	2024 年 5 月第 3 次印刷
字　　数	195 000	**定　　价**	89.00 元

版权所有　　侵权必究　　印装差错　　负责调换

推荐序

母亲与孩子的关系是每个人生命里最为重要的关系，因为我们都是由母亲的子宫孕育而来，并在出生后又与母亲形成了最早的关系。在我们生命的第一个年头，母亲通常是我们生命里最为核心、最为重要的人物。没有母亲的精心照料，我们通常很难活下来。因此，母亲生存状态的好坏会直接影响孩子的生存状态。

社会对母亲通常会有角色要求和期待，这种期待一般会通过母亲的母亲传递给她们。因此，每个母亲心中都有来自社会对母亲要求的理想母亲的形象，而她们通常又会按照这个标准来规范自己的角色和行为。当一些母亲发现自己的所作所为没有达到这个理想标准时，她们可能就会否定自己，从而对社会、自己和孩子产生内疚和羞愧，这种自我否定可能会带来母亲的焦虑和抑郁，而这种焦虑和抑郁又可能会通过母亲传递给孩子。母亲由于这种内疚和自责转而会攻击孩子，而这些表现都会给孩子带来不利的影响。

《母爱向左，焦虑向右：母性矛盾心理解析》的作者探讨了具有此类情结的母亲们所处的困境，并试图找到解决的办法。

母性矛盾心理通常聚焦在三个方面：母亲自身、母亲和孩子的关系以及孩子。这三个方面的矛盾表现在每个方面都有好坏之分：好母亲和坏母亲、好关系与坏关系、好孩子与坏孩子。这其中的“好”与“坏”就构成了一对矛盾。母亲希望自己是“好”母亲，自己的亲子关系是“好”关系，自己的孩子是“好”孩子；而通常母亲会感受到自己是“坏”母亲、自己的亲子关系是“坏”关系、自己的孩子是“坏”孩子。如果母亲努力去改进了，但仍然没有得到自己想要的“好”母亲、“好”关系和“好”孩子的话，她通常会自责、内疚、羞愧、焦虑或抑郁。

作者重点处理了母亲觉得自己是“坏”母亲、自己的亲子关系是“坏”关系和自己的孩子是“坏”孩子的情况。她扮演着母亲和精神分析师的双重角色，致力于帮助具有这种状态的母亲们走出自己的困境。

当一个人对自己母亲的角色、对自己的亲子关系和对自己的孩子越是不满、越是否定，就越会为自己带来攻击和伤害、越会让自己不满意的部分变得更加糟糕。

因此作者主张，女性先要从自己的原生家庭的角度去理解自己的母亲，去理解自己当初在母亲那里作为孩子的自己，去理解当初自己在母亲那里和母亲的亲子关系，去理解自己的母亲对她的母亲角色的要求，以及母亲在现实中做到的母亲的样子和对她做母亲的态度，然后再去理解自己对做母亲的内心愿望、期待和感受。当一个母亲对上述内容理解之后，也就对后面的接纳做好了准备。

作者认为，一个人越是充分地理解自己母亲的身份和状态，就越能接受自己的局限和限制，接纳自己的不足和缺陷，而不会苛刻或过高要求自己，从而成为一名让自己和孩子都满意的母亲。

没有标准的母亲，也没有理想化的母亲，只要能够根据自己的特质和孩子的特质来调整自己和孩子之间的关系，就能成为一位称职的、有利于自己和孩子成长的母亲。

在本书中，作者首先通过自己作为一位母亲的经历来示范如何理解母亲自己，以及如何做到自我接纳。其次，作者运用自己身为精神分析师的专业优势，通过自己和同事的一些临床案例以及一些文学作品里的案例来剖析具有母性矛盾心理的母亲的特点，并通过精神分析的视角来解读这些矛盾心理背后的心理动力。最后，作者为以上矛盾心理提出了一些解决的办法。

本书是一本剖析母亲心理成长经历的书，又是一本为那些在成为母亲的过程中遇到困难、挫折、内疚、自责、羞愧、焦虑等情绪的女性提供有效帮助和支持的书。通过本书的大量案例，你可能会找到自己的影子，也会通过作者的剖析更加理解自己，同时，你也可以从书中找到解决自己问题的方案。

本书作者具有深厚的精神分析的功底，本书不仅适合那些具有母性矛盾心理的母亲们阅读，也适合想帮助这类母亲们走出困境的咨询师或治疗师阅读。

沈家宏

中国心理学会临床与咨询心理学专业注册系统督导师

广州白云心理健康研究院院长

前言

这本书的写作内容从两个主要的来源发展而来：一是身为一个母亲，我亲身的经历、挣扎和焦虑；二是作为一名心理治疗师和精神分析师，我过去长达 37 年跟病人打交道的临床工作实践。我在医学院学习的时候，以为自己会成为一名儿科医生，但没想到在那之前我先成了一名母亲。在我做了母亲后，我发现照顾生病的孩子（甚至有时是即将死去的孩子）简直太让人忧心了。于是，我决定进一步接受成人精神病学的培训，在精神病学领域，我的兴趣转向了心理疗法的实践，最终转向了精神分析学。尽管在过去的 30 多年里，精神病理学取得了很多瞩目的发展，但我最感兴趣的始终还是和人的心智相关的领域，其中包括意识和潜意识两方面，以及这两方面是如何与那些让人不安的感觉和行为联系在一起的。

无论是心理疗法还是精神分析，我对我的病人所做的工作都是基于一个前提，即我们不知道的东西能够伤害我们。我们的性格与早年的经历有非常紧密的联系，虽然我们早年大部分的经历都已经被淡忘，然而这些经历和关系在我们潜意识的心智里继续存在。在医生和患者的“谈话疗法”中，这些经历得以释放，再次鲜活，从而被患者和医生所理解。在治疗这类疾病时，药物可以发挥重要的作用，因为它们能调节不稳定的情绪，使患者能够忍受痛苦的想法和感觉，控制破坏性的行为，从而有更多的可能性获得良好的治疗结果。

在工作中，我主要治疗门诊病人。这些病人患有神经症和人格障碍，或者通常两者兼而有之，但不需要住院。神经症是指在工作、感情和创造性的行为中出现的与潜意识冲动、幻想、想法和记忆有关的症状（尤其是焦虑和抑郁）或抑制现象。神经症患者遭受的很多痛苦都来自内在，他们往往会把自己的痛苦发泄到自己身上。人格障碍则更为严重，人格障碍患者会表现出不适应的行为，导致在人际交往方面出现不适应和痛苦。患有人格障碍的病人可能会感觉情绪痛苦、难以达成目标、关系出现问题等，但他们会把这些痛苦通过行为表现出来，不会默默地忍受痛苦的折磨。

我在临床经历中发现了一个非常关键的现象，并在撰写本书的整个过程中一直把这个现象铭记在心。在治疗实践中，我遇到过各种各样的病人，但是，就病人的成长条件和经济状况而言，他们大多数来自中、上阶层。有两种原因可以解释这个现象：第一，我是私人执业医生，就诊的费用不能通过保险公司报销；第二，在中产阶级和中产以上阶层，关于心理治疗的教育更为普及，而且中、上阶层的人普遍把心理治疗看作治疗精神和情感问题的手段，他们对心理治疗的接受程度更高。

在职业生涯中，我治疗过的女性多于男性。女性患者来找我是因为她们对工作和亲密关系感到不满、压抑和焦虑。随着我年龄的增长，病人群体的年龄也在增长。我看到越来越多的女人有了孩子，但也有女人没有孩子——她们中有的选择不生孩子，有的没有办法怀上孩子。我开始更多地关注女性的生育（比如怀孕、分娩）恐惧，以及最重要的为人母亲和养育子女。随着我的年龄越来越大，孩子也逐渐成长，我对这些问题也越来越敏感。自己做母亲时的矛盾心理和缺点，我不需要再否认。此外，我还越来越清楚地意识到，作为一个年轻的母亲，矛盾心理带来的羞耻感和罪恶感使我很难接受自己的局限。而且，我发现大多数母亲都有类似的问题。

就我而言，我对照顾孩子和从事职业分别要投入多少时间感到非常纠结。我 25 岁的时候生了孩子，那时我还没有完成精神病学的培训。我担心照顾孩子会耽误很多时间，如果我很久之后才回到职场，我会对自己的职业角色失去信心。但那时还有一个更难以面对的事实：尽管我很爱我的孩子们，但照顾孩子是一件很困难的事，让我筋疲力尽；工作虽然也很难，让我疲累，但却能让我获得喘息的机会。我做了一个非常关键的妥协：打算利用照顾孩子之外的时间来完成住院医生的实习工作，用五年的时间来完成原计划三年的培训项目。

在我开始私人执业后的很多年里，我根据孩子上学的时间表来调整自己执业工作的时间。尽管如此，我在工作的时候，还是会不停地想孩子。我在精神科住院实习的第一天，也是我那个两岁半的儿子上幼儿园的第一天。我把他送到幼儿园后离开的时候，他哭了，我到了车上也哭了。我没有办法专注工作，那天上午，我给儿子的班主任至少打了三次电话。最后，班主任只好机智地建议我，以后让我的丈夫来送孩子上学。虽然这个建议很快让儿子不再哭鼻子，但还是没能缓解我对孩子的内疚和自身长期的焦虑。

20 世纪 90 年代中期，在我治疗的女性病人中，有几个人不确定自己是不是想要孩子。我自己是想生孩子的，而且比她们年轻很多，于是我对这个问题没有过多的思考。我以为所有的女人都想生孩子，如果她们没有生孩子的意识，心理治疗和分析就会让她们意识到这点，而且如果时间还不算太晚，她们就会成为母亲。

但事实证明，我的这种假设是错的。有些女性对做母亲的恐惧和矛盾心理是如此地强烈，以至于心理治疗也无法让她们认同生孩子。于是，我开始意识到，我所有的女性病人（不论是过去的还是现在的）都曾经担心过自己不是一个好母亲，或者正在担心自己不是一个好母亲或回避成为母亲，并为此而感到内疚和羞耻。哪怕她们已经是非常尽职尽责的母亲，她们还是会有这样的想法。我逐渐明白，女性怀疑自己是否具有足够的母性能力，她们这种担心在时间上有很大的跨度：最开始时难以决定是否要孩子；到后来，她们既为人母又为人女。这些恐惧心理在临床上通常以变相的形式表现出来，比如合理地推迟怀孕（一般都会因等到太晚而错过了最佳生育时间），或者对堕胎了解不足，或者直接表现为难以顺利地做母亲，或者对母性感到不舒服。

这是我首先谈论的主题，因为同一时期我所治疗的几个女性患者都出现了类似的问题，她们担心自己会生出或者养出一个怪兽般的孩子。我从心理学的角度来思考她们的这种担心，开始思考怪兽所代表的意义以及文学和流行文化为何对怪兽如此着迷。每年的万圣节，我的门前总会出现扮演“科学怪人”弗兰肯斯坦和吸血鬼德古拉的孩子，还有扮演鬼魂、女巫、蝙蝠、黑猫、海盗和其他恐怖形象的孩子。当然，也有人扮演公主、蝴蝶和其他温顺的动物形象，但在敲门索要糖果的小孩中，绝大多数人都扮演着恶魔的形象。为什么人们更喜欢弗兰肯斯坦和吸血鬼这些恐怖的形象？为什么描写怪物和吸血鬼的恐怖小说在 100 多年的时间里仍然畅销呢？它们肯定说明了某种人类最基本的心理问题。我们之所以阅读，原因之一是为了更加了解别人是如何处理这些在意识或者潜意识里困扰我们的问题的、去了解他们的故事是如何发展的，以及他们是如何处理这些亲密和疏远、爱与恨、诅咒和救赎的。

在我思考“畸形后代”这一话题时，我的思绪逐渐转向了一个更为普遍的问题：女性在养育子女的所有阶段中，都有来自母性矛盾心理中消极面的问题，我把这个叫作“母性的阴暗面”，这也是本书的主题。矛盾冲突是人类心理的基石，总是表现为某种形式的矛盾心理，我们用“矛盾心理”这个词来表达对生活中的同一个人、目标或者欲望既爱又恨的心理。这是一种完全正常的现象。我们所爱的东西会给我们带来失望，我们热爱的东西也会失去，我们失去的东西会为我们带来痛苦。对所有人来说，母亲对自己的孩子怀有复杂矛盾的情感应该是很自然的一件事，但令人惊讶的是，尤其是在当今这个世界，母亲的矛盾心理中的消极面竟然在我们的文化中是一个禁忌。我认为当今社会对好母亲的期待已经变得如此难以容忍，对好母亲的标准也已经如此严苛，因此母亲的矛盾心理越来越严重，同时也越来越难以被整个社会接受。

我深深认为，母性矛盾心理让女性感到内疚和焦虑，加上外界的不理解，使女性遭受了太多的痛苦。我们需要理解矛盾心理是一种现象，它既可以具有建设意义，也可能是具有破坏性的。当矛盾母性引导女性对自己的问题进行创造性思考，并思考解决办法时，它就是具有建设性的；但当它使女性产生绝望和深深的内疚，以及对自己产生厌恨和惩罚性行为时，它就是具有破坏性的。

不论是作为一个概念还是一种经历，做母亲本身都是一个高度投入的概念。社会科学家（尤其是社会学家和人类学家）已经探索了性别行为的很多方面，其中包括养育子女。一些优秀的作品已经探讨了母性的不同方面，包括女性既想工作又想照顾孩子的心理、母性是如何从母亲传给下一代的女儿的、母爱为何是成长和自我发展的源泉等。像贝蒂·弗里丹（Betty Friedan）写的《女性的奥秘》(*The Feminine Mystique*)、南茜·乔多罗（Nancy Chodorow）写的《母性的再造》(*The Reproduction of Mothering*)，以及达芙妮·德马内弗（Daphne DeMarneffe）写的《母性欲望》(*Maternal Desire*)，这些作品都多次或直接或含蓄地提到矛盾母性。

很多心理健康专家也为我们更好地理解矛盾母性提供了他们的见解。有两个人让我尤其感到印象深刻。其中之一是英国心理分析师罗西卡·帕克

（Roszika Parker），她在 1995 年出版的《母亲的爱 / 母亲的恨：矛盾母性的力量》（*Mother Love/ Mother Hate: The Power of Maternal Ambivalence*）一书中，从克莱因学派心理分析的角度探讨了这一主题。她提出了一个大胆而深思熟虑的理由，说明在整个人类生命周期中，矛盾情绪是不可避免的，也是很正常的。她重点指出，母亲的矛盾心理源于母亲和孩子的需要产生了分歧，并通过讨论阐述了自己的观点。她认为，矛盾心理让女性有更多的空间思考自己的孩子，并且用更加个性化和原始的方式来解决母亲和孩子间的紧张关系："爱和恨之间的冲突实际上会刺激母亲去努力理解和了解自己的孩子。换句话说，矛盾心理带来的痛苦可以促进母亲思考，而母亲对婴幼儿的思考能力可以说是母性中最重要的一个方面。"罗西卡·帕克认为，公共普遍谴责矛盾情绪中消极的一面，因此引发的内疚和焦虑心理才是母亲们真正的问题，真正的问题不是矛盾情绪，因为矛盾情绪本身是正常的。达芙妮·德马内弗在她最近的新作《母性欲望》中强调了母亲的这种强烈和积极的愿望，以及做母亲能带来的成长和发展。尽管如此，她也提到，即使是最投入、最慈爱的母亲们，也普遍存在矛盾心理，这种矛盾心理既是有用的，也是无法避免的。

我对矛盾母性的理解是由这些富有洞察力的作家所启发的，但却包括我自己的经历：既来自临床实践，也来自文学作品；既有我自己作为医生、精神病学家和精神分析学家的经历，也源于我一生对阅读的热爱。母亲和孩子的话题在我心中已经酝酿了很长一段时间。我在本书第 2 章中提到了我在读医学院时写的论文，内容是第一次做母亲的女性学习婴儿护理知识时表现出来的社会阶层情况。我之所以选择这个话题，是因为我对儿科很感兴趣，它让我有机会观察母亲和婴儿。我在儿科的实习经历让我有更多的机会去观察母亲和婴儿的关系。我接受的精神病学培训更是复杂，并因此有机会接触到人们的多种经历。在治疗住院病人和门诊病人的时候，我第一次被置于多种学派的思想中，这些学派都是研究人类心智和大脑如何工作的，其思想主张让我疑惑重重。直到现在，这些学派的思想仍然时不时地让我感到迷惑不解，但这些基于精神分析思想的共同之处在于，它们都强调了潜意识心智的作用，以及早期儿童时代的经历对整个生命周期的重要性。总的来说，自从弗洛伊德提出他的突破性发现以来，精神分析思维的趋势已经从强调俄狄浦斯情结的首要地位转变为以早期母子关系为中心了，并认为早期母子关系是未来成长的基础，这也是我进行精神分析研究的思想基础。

我在做精神病学住院医生实习期间，有过一次不同寻常的经历。我一直都记得这个事件，但直到最近才把这个事件跟矛盾母性联系起来。当时我在华盛顿特区退伍军人管理医院的咨询服务中心工作，我被叫去诊治一个女人，她生完孩子后双眼突然看不见了。她的视力检查完全正常，但就是看不见。我们了解了她对婴儿出生的情绪反应，也没有起到任何作用。这件事情本身就很有趣。我意识到这是一起癔症性失明的案例，这种例子在 20 世纪是很少见的，但在 19 世纪弗洛伊德心理学流行的维也纳却很常见。许多早期的癔症患者都表现出对病症漠不关心或泰然处之的态度，癔症性失明患者似乎对自己的突然失明不太在乎，并不像人们预期的那样担心。

当时，我不知道自己还能做什么，于是把病人转到精神科。当我第二天上班时，病人已经恢复了视力。于是，医务人员都明白了，病人只是不想让精神科医生诊治，不想被人知道她的想法和秘密，为了离开精神科病房，她的视力很快就恢复了。我们还知道，她其实并不想生下孩子，但她完全不承认这一点。弗洛伊德在其早期的作品中指出，癔症是患者无法接受的愿望的凝结，以及对这些愿望的防御式抵抗。现在我认为，这个女人的突然失明是她想离开孩子的原始反应：她不想看到孩子。如果一个人看不见自己的孩子，她就无法照顾孩子，也就无法伤害孩子。

我继续接受心理治疗师的培训，并在后来接受了精神分析师的培训，培训越是深入，我就越是发现母婴关系和母子关系的重要性。我得说明一点，我没有研究过父亲，不是因为他们不重要，而是因为父亲的矛盾心理值得我另写一本书。此外，由于我不是父亲，父亲的矛盾心理对我个人的影响不如母亲的矛盾心理影响那么大。

在本书中，我用了两类案例资料来说明矛盾母性所导致的问题：一类是我和我同事们的实际临床案例；另一类是对高度相关的文学作品的讨论，我称之为“案例故事”。出于隐私和保密性的考虑，我需要对临床案例资料在一定程度上加以修饰和省略。为了让案例中的人物不被认出来，我只需要稍微进行修饰就行，而且这些案例中的内在动力学联系是不变的，改变人物的外表和职业，整个案例的匿名性就会大大增加。我还以匿名的方式引用了朋友和亲人的经历。这些临床和家庭的案例资料非常有用，因为它们都是真实的，可能就发生在我的办公室里或者外面的某个人身上。

另一方面，文学作品可以很好地阐明我想讨论的问题，而且不像临床案例那样有一定的局限性。文学作品属于公共领域的一部分，所有人都可以阅读，但它们的作用远不止于此。精神分析学家分析潜意识心智的时候，一直把文学作品当作例子。弗洛伊德写道，在他之前“诗人就已经发现了潜意识”。他引用文学和艺术作品来阐释精神分析的观点，并且用精神分析的观点来深入地理解文学和艺术作品。显然，弗洛伊德在看完索福克勒斯的戏剧《俄狄浦斯王》（*Oedipus Rex*）后能够把俄狄浦斯情结的动力学联系起来。弗洛伊德还用童话故事和民间传说的形式写过梦境，并且出版过对达·芬奇和米开朗琪罗的作品《摩西》进行精神分析的研究。他在论文中引用了很多文学作品，尤其是莎士比亚的戏剧。

其他分析师和治疗师也追随了弗洛伊德的脚步，例如，弗洛伊德早期的学生玛丽·波拿巴（Marie Bonaparte）对埃德加·爱伦·坡（Edgar Allan

Poe）的作品进行了精神分析研究。美国备受推崇的专业杂志《心理分析季刊》（*Psychoanalytic Quarterly*）的第 78 卷中，整刊都是关于精神分析和文学的研究文章。北美、南美和欧洲发行的《国际心理分析杂志》（*International Journal of Psychoanalysis*）会定期推出一个跨学科研究的栏目，在这个栏目中，跨文学领域的研究占据了主要地位。玛丽莲・雅罗姆（Marilyn Yalom）在《母性、道德和疯狂文学》（*Maternity, Morality and the Literature of Madness*）一书中，大量引用了女性作家的作品来说明对做母亲的恐惧心理会将女性逼疯，这些作家有西尔维亚・普拉斯（Sylvia Plath）、弗吉尼亚・伍尔夫（Virginia Woolf）和安妮・塞克斯顿（Anne Sexton）。

然而，分析师和治疗师在他们的专业写作中引用文学资料，这不仅仅是对弗洛伊德的模仿。作家在写作中会利用自己的潜意识，读者也会把自己潜意识的想法和焦虑带到阅读中。对于复杂的文学作品，没有唯一的意义和解读，每个读者都能找到跟自己的心智共鸣的理解。

布鲁诺・贝特尔海姆（Bruno Bettelheim）在其经典童话研究《童话的魅力》（*The Uses of Enchantment*）一书中，探讨了孩子们为什么喜欢童话故事，以及他们为什么喜欢一遍又一遍地重复听童话故事。童话故事讲的是孩子们心里基本的焦虑，例如分离、失去父母和兄弟姐妹、父母好不好、继父继母好不好、妒忌、羡慕，以及离开家的危险等。虽然童话故事中说的解决办法都是带有魔法的，但是一遍又一遍地重复听会让孩子感到安心，让他们有可能处理好自己的焦虑。同样地，成人小说讲的是成人面对的基本的焦虑和解决办法。

大约 20 年前，我的丈夫理查德・阿蒙德（Richard Almond）写了一篇关于《傲慢与偏见》的论文，主要研究主人公伊丽莎白・班纳特和达西先生的关系的治疗作用。在他的鼓励下，我写了一篇类似的论文，用玛格丽特・德拉布尔（Margaret Drabble）的现代小说《针眼》（*The Needle's Eye*）来阐述另一种治愈性的关系。我和丈夫对文学作品中描述的治愈关系有着共同的兴趣，于是我们合作写了一本名为《治疗性叙述：虚构的关系和心理变化的过程》（*The Therapeutic Narrative: Fictional Relationships and the Process of Psychological Change*）的书。我们在书中讨论了19世纪和20世纪的多部著名小说，在这些小说中，治愈性关系起到非常重要的作用，表明人们通常通过阅读和写作来解决自己内心的冲突。在《治疗性叙述：虚构的关系和心理变化的过程》这本书中，我们还引用了临床的经历。

我发现，在写作中结合临床案例和文学案例是非常适合的。当我开始写这本书的时候，我的写作方式并没有什么不同，但是对临床案例的引用更多了。本书的观点和案例主要来源于我的临床工作，但在任何必要的地方，我都会穿插临床案例和文学案例，用后者来加强论证。例如，在玛丽·雪莱（Mary Shelley）的小说《科学怪人：弗兰肯斯坦》（*Frankenstein*）中，包含了很多关于怪物后代和结局的有力资料。我很想把这部小说和阿曼达联系起来。阿曼达是我治疗过的一个病人，她直接地表达了自己对婴儿的恐惧，她把孩子叫作“怪物”。实际上，把玛丽·雪莱和她的小说同阿曼达的矛盾联系起来的想法促使我想写这本书，它引起了我对普遍存在的矛盾母性的关注，以及想要探究其对母亲和孩子的影响的兴趣。

我的目标是进一步加深人们对矛盾母性的理解，希望能够让人们接受矛盾母性是一种可以理解和管理的正常现象，并且可以帮助女性处理她们各自的矛盾心理。在本书的第1章中，我对什么是母性矛盾心理给出了定义，并阐释了矛盾母性行为在心理上的表现形式，从通常意义上“足够好的母亲”——她们在日常生活中有着正常的矛盾情绪，最后到心理矛盾程度比较严重的母亲类型。书中其余的部分遵循了下面描述的轨迹。

我们应当在阅读之始就明白，尽管母亲们普遍担心自己的孩子会是怪兽，但她们同样把孩子看作爱和希望的象征，能够带来新的成长和发展，并且可以修复过去的创伤和失望。在本书的第 2 章，我结合这些现象描述了一些临床经验，然后用玛格丽特·德拉布尔（Margaret Drabble）的小说《磨砺》（*The Millstone*）来做进一步阐述。《磨砺》描写了一个陷入困境的年轻母亲，她和孩子之间强烈的爱和联系促进了她的成长和发展。这种经历对母亲的影响有着相当积极的一面；与之相反的是，如果把孩子当作自恋的延续，或者过度参与孩子的生活、无法在自己和子女之间划清现实界线，这对母亲的影响则是负面的。针对后两种母性问题，我将在书中后续的章节中展开阐述，并在后面的章节中说明母性的矛盾心理有哪些行为和现象，以及它们可能的起源、表现和后果。

在第 3 章中，我讨论了隐藏矛盾的几种形式，因为母亲们对自己的矛盾心理视而不见或者拒绝承认自己存在矛盾心理，从而导致了非常严重的后果。如果一个母亲没有意识到自己的问题，她就不会尝试改变或者寻求治疗。出现这种情况的标志是，母亲觉得自己对孩子的养育非常完美，而周围的人则感到焦虑和不安。

在第4章和第5章中，为了解释导致女性对生育产生矛盾心理的潜在因素，我提出了一个假设并对这个假设进行了阐释。我列举了一个有三边关系的例子：玛丽·雪莱的生平，她的小说《科学怪人：弗兰肯斯坦》，以及我治疗的病人阿曼达，三者的主人公都担心自身或后代身上带有邪恶和怪兽的特性。我用实际临床工作中的案例来说明这个假设跟玛丽·雪莱的故事相辅相成。

书中第 6 章详细地谈到了瑞秋的病例史，瑞秋的矛盾情绪中不安较少，但充满了内疚的心理。我想本书的大部分读者将会从瑞秋的某些经历中找到共鸣。瑞秋的故事说明了一些常见的导致矛盾心理的原因，以及哪怕下一代的女儿有意识地回避这些矛盾心理，但由于潜意识的认同，母亲的矛盾心理还是传到了她身上。

从瑞秋的故事开始，我开始探讨矛盾母性中越来越黑暗的一面。在第 7 章中，临床和文学案例中的母亲将自身“坏”的部分投射到孩子身上，进而责怪或者憎恨孩子。这一章的核心内容是四个文学案例，写了这四个母亲如何表现她们的矛盾心理。在多丽丝·莱辛（Doris Lessing）的中篇小说《第五个孩子》（*The Fifth Child*）中，母亲的贪婪和残酷无情造就了一个“怪物”孩子，这个孩子在潜意识里代表了她自己。莱昂内尔·斯韦弗（Lionel Shriver）在新出版的小说《凯文怎么了》（*We Need to Talk About Kevin*）中，赤裸裸地营造出一种让人不安的氛围，描写了一个母亲最可怕的恐惧——她完全无法爱自己的孩子，她的孩子也无法爱她。后两部小说用阴暗恐怖的故事写出了普遍存在又让人震惊的母性幻想，因而更具有流行性和轰动性。艾拉·莱文（Ira Levin）的《罗斯玛丽的婴儿》（*Rosemary's Baby*）一书写的是一个魔鬼般的孩子，我把这个孩子看作他母亲因患围产期精神病而产生的幻想。我列举的第四部小说是威廉·马奇（William March）的作品《坏种》（*The Bad Seed*），其中涉及了早期的创伤、分裂，母亲对自己是生还者的愧疚，以及孩子成了安放母亲自身无法接受的部分的容器。

在第 8 章和第 9 章中，我写到了矛盾母性对孩子的影响。第 8 章探讨的是“当最坏的情况发生时”，即当孩子在生理上、心智上或者情感上表现出异常时，母亲应当如何管控自己的矛盾心理。母亲们经常会把孩子的畸形当作惩罚，她们对畸形孩子的反应总是带有负面的矛盾心理。和其他形式的矛盾心理一样，处理这些情况也分为内化和外化的方式。那些认为原因在于自己的母亲会试图修复和弥补；而那些把孩子的畸形看作对自己的惩罚的母亲则会拒绝这个孩子。孩子可能会责怪自己的母亲，也可能会保护母亲。我从临床经历中列举的几个案例说明了各种不同的可能性，并以乌苏拉·海吉（Ursula Hegi）写的小说《来自河里的石头》（*Stones from the River*）为例，这部小说写的是一个畸形的孩子在心理上和自己的畸形以及母亲和解的故事。

第 9 章提出了一个问题：面对母亲的矛盾心理，孩子们会怎么做？当他们认为母亲并不总是爱他们时，他们会如何处理自己的焦虑以及受伤的自尊呢？如果孩子们的心理非常强大和灵活，或者家里有其他支持他们的人，很多孩子就能用积极的方式面对；否则，他们就会退缩，表现出负面的行为，或者建立一种消极的认知。我列举的两个临床案例都属于后一种情况，即孩子表现出负面消极的处理方式，并可以用君特·格拉斯（Günter Grass）的小说《铁皮鼓》（*The Tin Drum*）来阐释。

在第 10 章中，我描述了有矛盾心理的母亲多数会参与孩子的生活的情况，从星妈谈到侵入性母亲。前一种母亲不会错过孩子的任何一场表现，她们似乎只能靠不断地用孩子的成就来填补自己的生活，这是她们赖以生存的理由；后一种母亲侵犯了孩子生理上和心理上的自主权，使他们无法决定自己的行为或者有自己的想法，这是虐待孩子的一种表现。为了更好地阐释这两种母亲，我讨论了两个临床案例和几个文学案例。《吸血鬼伯爵德古拉》（*Dracula*）是毁灭性的吸血母性的经典案例，里面的伯爵（母亲）靠吸自己的受害者（孩子）的血为生，把他们变成"不死的"物体，没有灵魂、意志和选择的权利。另外两部现代小说——莫娜·辛普森（Mona Simpson）写的《芳心天涯》（*Anywhere But Here*），以及乔安娜·特罗洛普（Joanna Trollope）写的《他人之子》（*Other People's Children*），则将这些主题带入了现代生活。

在第 11 章中，我探讨了儿童谋杀这一主题。杀子是一种令人震惊的现象，这通常是由于母亲们的精神疾病和绝望造成的，她们被生活环境压垮了、崩溃了。我讨论了安德烈·耶茨（Andrea Yates）的案例。安德烈·耶茨是名护士，由于产后抑郁症发作，她将自己的五个孩子全部溺死在浴缸中。我还讨论了两个文学案例，托妮·莫里森（Toni Morrison）的著名小说《宠儿》（*Beloved*），以及希腊神话《美狄亚》（*Medea*）。此外，我还列举了一个临床案例，病人结束了自己的生命，将自己的幼子遗留给她憎恨的母亲。

书中第 12 章和第 13 章是结论部分。在第 12 章中，我讨论了有矛盾母性心理的母亲在晚年的变化，当孩子长大成人、离开家、结婚生子后，孩子的父母也成了孙子孙女的祖父母。不同的母亲会发现不同的育子阶段的艰难，但是成熟和时间的流逝会缓解矛盾心理产生的问题。当母亲成了祖母，她的祖母身份对解决她和女儿之间的情感问题起到非常关键的作用。若她和女儿的紧张关系能得到疏解，将有助于女儿建立自己作为母亲的身份认知。

在第 13 章中，我回顾并拓展了当今社会中母亲们所面临的压力，尤其是当今社会对完美母亲的要求和期待。我讨论了母亲们可以得到的各种形式的帮助和治疗，包括家庭成员的纠正和平衡作用、其他母亲和母亲群体提供的帮助，以及包括治疗师在内的专业人士（例如儿科医生、产科医生和哺乳顾问等）。当母亲们遇到的心理问题与孩子发育到某个特定的阶段有关，而且是暂时性的时，以上这些帮助体系最为相关和有效。对于更为严重的非阶段性的情况，我强调的重点是进行长期或短期的心理治疗。考虑到那些对心理治疗不太熟悉的读者，我阐述了高强度精神疗法和精神分析的一些要素。作为本书的结论章节，我表达了本书的写作观点，即不论一个母亲的矛盾心理有多严重，她都不是孤身一人。如果她能坦诚地对待自己的感受，如果她能寻求专业的帮助以及来自家人、朋友和其他母亲的支持，她成为一个幸福的母亲的可能性就会大大提高。

尽管我写这本书是为了献给我早期生命中最重要的三位女性，但它也应该献给所有那些充满爱的女性。面对着自身存在人类局限性和苛刻高压的社会，她们依然挣扎着做一个好母亲。

目录

第 1 章

母性矛盾心理的普遍性

矛盾心理是指我们对生命中重要的人产生的一种既爱又恨的复杂心理。母性中的矛盾心理是一种正常且普遍存在的现象。它既不是犯罪，也不代表失败。本书讲的就是母亲的矛盾心理。

2002 年 5 月 12 日母亲节那天，《纽约时报》（*New York Times*）“周末风尚”专栏的社论是伊丽莎白·海特（Elizabeth Hayt）写的《承认对做母亲的复杂感受》（*Admitting to Mixed Feelings about Motherhood*）。20 世纪八九十年代，婴儿潮时代出生的人已经开始做父母，他们的热情和完美主义使母亲的角色变得理想化，而今人们普遍难以接受这种过于理想化的母亲角色，这篇文章表达的就是这种情绪。在看到这篇文章的前两天，我和一位 35 岁左右、有两个子女的年轻女士谈论她上的育儿课程。虽然她上这个课是为了学习关于孩子成长发育（尤其是学步时期）的知识，但她最强烈的反应却是她感受到了一种巨大的解脱。在了解到其他父母在带孩子时也会感觉精疲力竭、孤独、厌倦和情绪失控后，她发现自己并不孤单，并不是只有自己才这样。鉴于这位女士不但受过教育，而且在感情上比较敏感，但她仍感到是一种巨大的解脱，这着实让人印象深刻。我猜想大部分参加这个课程的女人都跟她有一样的感受。

2001 年 7 月 2 日，也就是在《纽约时报》发表母亲节那篇社论的 10 个月之前，《新闻周刊》(*Newsweek*) 封面刊印的大标题让人震惊：《"我杀了我的孩子们"：是什么使安德烈·耶茨失控》(*"I Killed My Children": What Made Andrea Yates Snap?*)。安德烈·耶茨是名护士，也是五个孩子的妈妈，这五个孩子都不超过七岁。安德烈·耶茨患有抑郁症，还有严重的产后精神病。一天早上，她产后精神病发作，感觉绝望，无法控制自己，就把五个孩子都淹死在浴缸中。继这篇文章之后，安娜·昆德兰（Anna Quindlen）在其主持的专栏"最后的话"中写了一篇题为《失眠时扮演上帝》(*Playing God on No Sleep*) 的文章。安娜·昆德兰在文中坦承，尽管她和其他人一样都被杀人者吓到了，但她在某种程度上非常能理解这背后的原因。

前面提到的上育儿课的年轻母亲之所以有如此反应，上述文章中的悲剧之所以会发生，其背后的原因都是由于母亲的矛盾心理，这也是本书试图研究的主题。母亲的矛盾心理或者说是母性矛盾心理，指的是母亲对孩子产生的一种既爱又恨的复杂情感，以及由负面情绪所引起的焦虑感、羞耻感和内疚感，所有的母亲都可能产生这种心理。如果你讨厌你的父母、兄弟姐妹、配偶、朋友、同事、异性，或是其他种族、宗教和国际的人，那么你会被认为是不幸的人，人们会认为你不理智、偏执、人际不佳，甚至精神失常。但是，如果你讨厌你的孩子，你就会被认为是魔鬼、没有道德、违反天性，是邪恶的。我写这本书是为了向读者揭示和解释矛盾的母性心理、想法和行为的可能表现形式，并尽可能地弄清楚它们真实的面目。母性矛盾心理其实是正常的，既不可避免又普遍存在。我的第二个写作目的是鼓励女性寻求各种各样的帮助，其中包括能让她们在得到倾听和理解的同时又不会遭到负面评论和谴责的心理治疗。

围绕母亲对孩子的情感投资和职责的争议存在已久，但直到 20 世纪出现的争论才最关乎当代妇女的独特困境。在第二次世界大战之前，中产阶层母亲的"理想形象"是家庭主妇，专职照顾家庭。当然，也有不少妇女出于某些需要或者爱好而外出工作，但这并不是一般所认为的理想的母亲状态。第二次世界大战打乱了这种角色安排，中产阶层家庭的母亲将孩子送到托儿所，自己外出工作。约在 20 世纪 50 年代后期，这些妇女又回归了家庭生活。贝蒂·弗里丹在《女性的奥秘》一书中揭示了女性隐藏着的无法言说的痛苦，她说妇女也希望能有工作和家庭以外的生活。贝蒂·弗里丹的思想拉开了 20 世纪六七十年代后期女权运动的序幕，人们对母性矛盾心理的表达也更加开放。尽管那时，人们已经能比较开放地谈论母性矛盾心理了，但这个话题从未真正地被接受过，即使在今天也依然如此。

有几位当代作家已经谈过这个话题，认为做母亲并非一定是成就感满满的状态，也会有愤怒和不安。如同伊丽莎白·海特在《纽约时报》中所写的一样，这几位作家都清醒地意识到了他们所写文章的争议性。例如，佩吉·奥伦斯坦（Peggy Orenstein）曾经在她的著作《流动：女人在半变动世界里的性、工作、爱情、儿女与生活》（*Flux*：*Women on Sex*，*Work*，*Love*，*Kids*，*and Life in a Half-Changed World*）中这样描述她采访的母亲们：

> 她们几乎都只能偷偷地承认做母亲并不是一件愉快的事。实际上，说起这个都有点儿离经叛道，似乎在排斥母性，但事实并非如此。就像是有反美国的想法一样，母亲的身份让女性保持沉默。对女性而言，“肥胖”“荡妇”“坏妈妈”和“自私”都是些致命的词汇。这些词语让女性失去了力量，就像超人面对致命的打击失去了自己的力量一般。

“肥胖”反映了过去 40 年里美国女性对苗条和身材的狂热追求，不论是不是母亲都适用；而“荡妇”和“自私”则和“坏妈妈”紧密相关，其中“坏妈妈”是这几个词中最有杀伤力的。好妈妈不是性感的，也就是说，她们不会是荡妇，她们始终把孩子的利益放在自己的前面，即所谓的无私。

对母性矛盾心理这个概念以及它充满禁忌的特性，许多作家已经探讨过，但其仍然很难被我们的文化所接受。本书的目的是向读者展示母性矛盾心理的种种表现，其在女性身上的体现说明女性对此保持沉默将会产生何种害处，以及女性可以通过哪些更健康的方式处理这种矛盾心理。母性矛盾心理中消极的那一面或者憎恶的那一面，是我们这个时代中"不敢启齿的"罪行。女性的侵略性是其具有憎恶心理的行为表现，这通常被认为是有毛病的、非女性化的。但当女性侵略性的矛头指向的是她们的孩子，这就更让人难以接受了。这是让我们感到愤怒和恐惧的社会问题之一，尽管我们从某种程度上私下也能理解它是正常的。

启蒙运动（尤其是维多利亚时代）以来，儿童观得以产生。中产阶层日益增多，他们对核心家庭的重视程度以及对教育价值的认同感逐渐上升，对儿童的评估也随之发展。尽管贫穷家庭出来的孩子（尤其是在工业革命时期）还是在矿场和工厂劳作，但童工法和普及教育将这些孩子解救出来，让他们做回孩子。随着家庭变得越来越重要，社会上出现了一种理想化的母子关系，极大地提升了人们对母亲照料孩子的期待。这种理想化的亲子关系主要出现在上等阶层和中产阶层，在工人阶级的家庭中也存在。在养育孩子方面，主要的阶层差距在于上等阶层的家庭里有人帮忙照料小孩和打理家务。需要注意的是，当有人帮忙分担大部分照料孩子的工作时，成为理想中的母亲形象就简单多了。

人们对母亲形象的理想化一直延续到了现在，并且程度越来越深，而现在的母亲们还面临着其他两个加重她们压力的问题。第一个压力是，为了寻求更好的工作机会和住房条件，许多家庭搬离了原来生活的地方，住在一起的大家庭越来越少。50 年前，爷爷奶奶、叔叔婶婶和哥哥姐姐通常都会帮忙照看小孩。如今，大家庭分散了，照料孩子的担子直接完全落在了父母身上，而且一般都是落在了母亲身上。第二个压力来自核心家庭的破裂。当下的离婚率约有

50%，有 25% 的孩子出身于单亲母亲家庭，在这些家庭中，母亲和孩子基本上都得独自处理他们之间复杂的心理需求和互动问题。

荒谬的是，尽管母亲养育孩子的环境越来越差，但外界对母亲的期待却越来越高，母亲因此对自己的期望也越来越高。在孩子的养育上，不论是喂养、睡眠、玩耍，还是情绪和智力的培养，每个方面都有一套完美的标准：作为一种健康、天然的喂养方式，母乳喂养婴儿已经不仅仅是一种偏好，而成了众多人疯狂追求的标准；为了防止导致婴儿猝死综合征（sudden infant death syndrome，SIDS），不论怎样都要求宝宝睡觉的时候必须身体朝上，哪怕他们趴着睡得更好；孩子的玩具必须经过仔细地检查是否具有教育价值，而不管孩子喜不喜欢玩，等等。母亲们面对着工作和家庭的冲突，既没有家庭成员的帮衬，还承受着外界以及对自己完美的期待，这种情况不可避免地会使她们变得越来越沮丧和愤怒。

接下来说的是最近发生的一个事例。史黛西 • 陆（Stacy Lu）在《纽约时报》的“风尚”专栏中发表了一篇题为《都市妈妈》（*Cosmopolitan Moms*）的文章。这篇文章说的是八个生活在费城的母亲，她们每周五下午都会聚在一起，并且带上各自的孩子，但这个团体不同于一般的孩子游戏组，因为当孩子们玩耍和喝果汁的时候，这几个母亲自己也会喝一到两杯葡萄酒或者啤酒。这篇文章强调，这些女人这么做仅仅是为了从当母亲的压力中得到一点儿释放。她们聚会不是为了喝酒或者买醉，这也并非不负责任的表现，相反地，她们是在寻找如文章中所说的“一种方式，帮助她们延续一点儿孩子出生之前的生活状态，以及鄙视当下社会给育儿母亲的巨大压力”。

在“现代化的育儿世界”中，母亲们认为她们应该有做到全部的能力，母性矛盾心理必定会更加严重。推迟生孩子的年龄在受过教育的女性和职业女性中很常见，而且体外受精和其他技术形式的辅助生殖方式也很容易做到，因此女性推迟生孩子的时间也合情合理，但这种做法在很大程度上表达了这种母性矛盾心理。而且，第一世界国家的生育率下降也许是这种矛盾心理的另一种体现。虽然先进的生殖技术也有行不通的时候，但它的确使女性推迟了一种对她们来说相当困难的决定，也许她们自己并不会轻易地承认这有多么难。因为在外界看来，不能无条件地爱孩子是“不女人”的表现，不想要孩子也是反常的决定。

有趣的是，在这件事情上，父亲和母亲的问题似乎有点儿不一样。父亲担心的更多的是为家庭成员提供生物生存和社会生存的条件。尽管男性也会在要不要孩子的想法中挣扎，也会努力地想要做一个好父亲，但他们不会如此彻底地认为自己有责任照顾子女的情绪。尽管他们对此有着深深的担忧和烦恼，哪怕这个问题直接关乎他们作为男人的形象，但子女在情绪上开心与否通常都是女人的事。子女开不开心通常都被看作母亲该管的事，因为父亲要赚钱养家，要保障一屋子的老老小小吃穿用度的需求。

虽然我写本书的目的不是为了讨论母亲对子女的矛盾心理的生物正确性，但当下的社会生物学家和灵长类动物学家们［例如莎拉・布莱弗・赫迪（Sarah Blaffer Hrdy）］一致认为母性里充满爱的那一面并非女人这个物种天生就有的，而是由基因、演化、情感和社会等方面的因素在荷尔蒙力量的影响下，形成的一种极度复杂的综合体。我的兴趣在于揭示这种矛盾心理中的一些情感维度和质量，希望能将其描述出来，便于读者理解，使其“正常化”。也就是说，我将帮助读者意识到，不管这种矛盾心理存在多大毛病，它都是人类本身具备的一部分。有这种意识是非常重要的。许多女性试图成为完美的母亲，在某种程度上希望能掩饰她们的矛盾心理，这给她们带来了巨大的痛苦。当下“具有正确的母性”的母亲们在追求做一个完美的母亲时，她们是否完美只有通过孩子来证明，这的确在把母亲自己和孩子们逼疯，并且毫无用处。这对母亲们以及她们的孩子和丈夫来说都是很困难的，是不可能做到的，我们应该明白这一点。

矛盾心理是什么

在开始揭示母性矛盾心理的表现之前，我们有必要弄明白“矛盾心理”这个词本身的意思，这也将会有助于我们弄清楚厌恨和攻击性之间的区别。“矛盾心理”指的是一种冲突对立的心理状态，即如果一个人对另一个人有这种心理状态，就会既爱他又恨他。这种心理状态存在于所有的人际关系中，而不限于母亲对孩子的感情。能够在不同的时候包容这两种情感，没有要损害对方的想法，这就是一种良好的心理状态。被迫拒绝或者压制这两种情感中的任何一种都会导致关系的虚空和僵硬，使对方无法体验其完整的实际情感。例如，在简·奥斯汀的小说《傲慢与偏见》中，伊丽莎白恨达西先生的原因是达西怠慢了她，并且贬低了她的家人。她对达西的负面情感使她无法看清自己已被达西深深吸引的事实，也无法看清达西先生其实是诚实、个性复杂的，也爱着她。她必须先丢掉对达西先生的厌恶，才能更多地了解他，进而爱上他。

厌恨和喜爱都是一种感觉，是我们自己内心感受的状态。攻击和关爱则是一种行为，是我们对其他人做出的行动。当我们自己的需求没有得到满足时，我们就会产生攻击性，用讨厌、憎恨的感情以及愤怒的联想或者行为来表达这种不满足。然而，当人们有着强烈的情感冲突或者感觉到较大的不满时，就不可避免地会产生厌恨的情绪，甚至会产生隔阂疏离的感觉。但当厌恨和喜爱同时存在时，可能会有助于个体的发展。例如，弟弟可能会因为哥哥的力气更大、拥有的知识更多和更强大而记恨他，但同时，弟弟又深深地钦佩着哥哥，希望能模仿他。但他无法成为哥哥，他必须寻找自己的个性、天赋和强项，在钦佩哥哥的同时认识到哥哥也在努力成长，这会有助于弟弟的成长。

英国分析师罗西卡·帕克曾经写过这种心理。在她看来，母性矛盾心理是一种具有潜在创造性的过程，母亲需要积极地思考自己和孩子之间的不同之处，找到解决的办法，形成更和谐的亲子关系。罗西卡·帕克认为，当今社会，母性矛盾心理产生的焦虑感和罪恶感使我们看不到其创造力的一面。焦虑感和罪恶感的根源不仅在于文化观念和期待，还在于担心厌恨的心理会超过并且摧毁爱的那一面。

母性矛盾心理开始的时候非常温和，表现为母亲疼爱孩子但偶尔会不耐烦、生气，甚至讨厌自己的孩子。矛盾心理行为的表现方式有很多种，但基本上都是无害的，这意味着这些行为表现最终会因为爱而缓和。例如，一个妈妈刚把厨房的地板擦干净，转过身来就发现学步的孩子在尝试自己倒果汁，但把果汁都洒在了地板上，她生气想发脾气，但感动于孩子的独立精神和“自己动手”的愿望，她又立马抱起了孩子，给了他一个拥抱。再如，另一个妈妈提醒处于青春期的女儿洗碗，她说了又说，发脾气骂了起来，突然女儿模仿她的声音和样子学她说话，模仿得惟妙惟肖，顿时母女二人都大笑起来。如果矛盾没能得到缓和，就可能陷入黑暗的一面，从对孩子心理和身体上的虐待到甚至可能会杀害孩子有很多表现形式。母性的矛盾心理有多种形式，其严重程度也各不相同，本书主要讨论其中几种比较重要的矛盾心理现象。

本书将通过临床案例和文学作品的阐释，向读者展示母性中黑暗的那一面。我的病人对她们的孩子既有攻击性，又有随之产生的内疚和羞愧心理，这使我无法在书中直接运用这些临床案例。母性中具有攻击性的那一面大多是充满怨恨的情感，或是像性和金钱等比较沉重的话题，因此人们在心理治疗中很难诚实地面对这一面。病人们向我和我的同事吐露了让她们不舒服的情感和想法，出于对她们的尊重，书中大部分的临床案例将尽量简化，并使用化名。我的子女现在也已长大，出于对他们的尊重，我的一些经历也将使用化名。案例中只有故事人物的名字是假的，案例的内容是真实的。希望通过列举现实生活中真实的案例来帮助那些受母性矛盾心理困扰的读者，鼓励她们勇敢地去寻求帮助和治疗；对于已经接受了治疗和帮助的读者，希望能减少她们的羞愧感，明白这种现象是很正常的。

在我对病人的临床诊治工作中，经常遇到病人在潜意识里担心可能会生出一个怪兽来，或者担心因为自己错误甚至邪恶的养育方式使孩子长成了一个恶魔。一些女性寻求治疗是因为她们害怕成为母亲，但这样的病人毕竟占少数。在治疗中，更多的女性担心自己没有足够的能力做母亲，她们关注的问题一般是工作和关系上的问题。在我 37 年的临床实践中，几乎所有因养育子女而忧心的病人都会有各种各样的担忧（比如担心自己是个坏母亲），她们这些担忧都会严重地影响她们的心理状态。刚生完孩子的母亲们和孩子比较小的母亲们不但缺乏育儿经验，还因照顾孩子睡不好，因此她们的担忧最为严重。虽然随着孩子的成长，她们担心做不了一个好母亲的忧虑会逐渐减少，但这种忧虑却无法完全消失，而且当孩子进入了青春期，这种担忧还会急剧增加。其实这些病人中的大多数人都非常擅长养育子女，只有少数人不太会，但她们所有人都担心自己不是一个好母亲。

不管她们承不承认，在面对自己对孩子的攻击性时，她们经常会陷入痛苦的困境。以我治疗病人的经验，我发现这种攻击性不仅在心理上是无法避免的，而且在社会上也是难以接受的。尽管在所有的文明社会中，人们担心有缺陷或者有害的养育会造成感情上的痛苦，因此要求女性做一个充满爱和奉献精神的母亲，但这给女性带来巨大的压力，并使她们产生内疚的心理，这种心理对她们自己和子女都是有害的。当她们无法达到社会对母亲的期望标准时，内疚的心理会使攻击性变得更强烈。她们对自己愤怒，感觉失望，转而对子女感到生气和失望。愤怒和失望又会加深她们的内疚心理，于是她们更加努力，想要达到社会的标准，以至于筋疲力尽，恶性循环。

已有一些文学作品较深入地分析了母性矛盾心理的复杂性，而且，作为公共领域的一部分，这些作品中对隐私的约束跟临床案例中不一样。文学故事和临床案例贯穿本书，用以说明身边的问题。例如，这种矛盾心理经常使女性害怕生孩子。玛丽·雪莱的小说《科学怪人：弗兰肯斯坦》中以令人吃惊的描写，写出了有着生殖焦虑的女性的幻想，她们担心自己会生出一个怪物来。临床案例的可贵之处在于“真实”，但文学作品通过想象力逼真地向读者传达了感情的痛苦和情境的艰难，而在临床诊治中，很多病人无法做到这一点。

母性矛盾心理的表现范围

母性矛盾心理的表现范围非常广泛。本书将围绕矛盾心理从低到高的严重程度，说明产生矛盾心理的可能原因、矛盾心理是如何表现出来的，以及它会带来哪些后果。也就是说，本书要讨论的是：母性矛盾心理从哪里来、它是什么样子，以及会有什么后果。在本书的描写中，我并没有把做母亲看作一种不好的经历。我把“母性中好的一面”称为“母爱”，书中对母爱的描写也非常清楚，着墨较多。虽然母性矛盾心理是一种普遍存在的现象，但母爱亦是无处不在。做母亲的经历会让人感觉充实有成就感，让人成长，而且在某些情况下，做母亲还有治愈和救赎的作用。因此我认为，在我们看到后文中的一些让人不舒服的案例之前，我们有必要记住这一基本点，这也是我选择在书中开头的部分向读者介绍这种矛盾心理的原因。

紧接着，本书会按照时间顺序，探讨母性矛盾心理有哪些不同的表现形式，从孕期中的偏见谈到孩子出生后的心理。“开始前期”说的是对生孩子的担忧，以及这种担忧背后所隐藏的心理问题。当女性生了孩子做了母亲，对她们心理的探究主要通过观察她们不同程度的自我强度和客体相关性。这些都是技术术语，但却是描述女性心理能力的重要方式。“自我强度”指的是母亲对自己的需求和孩子的需求进行现实且适应性运转的一种能力，看她是否能够意识到，随着孩子的成长发育，孩子的需求也在改变，但她同时能够捍卫自己的需求，不会因为做了母亲而放弃自己的需求。比如，孩子们会独立去厕所了，但却不愿自己上厕所，于是，当孩子们没有准备好自己上厕所时，就不能逼迫训练他们自己上厕所。当母亲们受够了给孩子用纸尿裤时，有勇气坚持自己的想法的母亲可能就会坚定地按照自己的想法来，鼓励孩子使用便盆。另外一种母亲的态度可能会更加地放任和随意，即使其他人建议孩子应该用便盆了，她也不会逼迫孩子用。这两种母亲都有着强大的自我强度，她们都能够平衡自己的需求和孩子们的需求。

“客体相关性”说的是一个母亲能够把孩子视作一个完全独立的个体，而不是自己的克隆体或者生命的延续。如果一个母亲有着成熟的客体相关性，她就能够允许孩子对自己既依赖又独立，既喜欢孩子与自己有相似之处，又能接受孩子的不同。在和孩子打交道时，她在情感上能做到灵活自如，能够控制自己的情绪。这不是指她对孩子的爱始终如一，而是她能够判断孩子什么时候需要安全感，什么时候需要自由和距离。一个母亲能够敏锐地设置好限度，首先需要明白孩子不是自己的复制品，而是一个需要在社会文化的环境背景中被抚育同时被社会化的个体。这通常会导致代际间的冲突，从而引出母性中消极的那一面，使母亲们产生挫败感和愤怒。没有方法能够真正地避开这一点，因为完全的宠溺和放任会延长孩子的幼儿状态，没法使孩子变得强大，但是，如果母亲们能够处理好自己的矛盾心理，她们就能够把孩子看作“另一个人”，尽管她对孩子有再多的规矩，也应该尊重孩子。想要做一个敏锐的母亲，很重要的一点是需要意识到孩子是独立的个体，只有这样才能做到对孩子既有规矩和管控，又能够给孩子自由，让他们按照自己的方式成长。

我有一个害羞、敏感的朋友，她生了个儿子，性格超级活泼好动。小男孩的过分活泼有时候会引起其他孩子和母亲的不适。小男孩的个性跟我朋友的性格完全不一样，她虽然觉得为难，但努力去了解孩子的能力和局限，这就是罗西卡·帕克所说的矛盾母性中“创造性的能力”。我的这个朋友需要思考儿子真正的需要，而不能假装自己很了解他，因为他们的个性完全不一样。毋庸置疑，有着强烈的“自我强度”意识的母亲既会考虑自己的需求，也会考虑孩子的需要。大多数时候，母性中的矛盾心理是由于母亲的合理需求和孩子的合理需要之间产生了冲突，而社会文化很多针对“不完美”母亲的批评并未意识到这一点。当母亲们看到自己对孩子的矛盾情感时，她们的自责只能使这种情况雪上加霜。

设置更加实际的底线：足够好的母亲

在分析母亲在照料子女方面存在的问题和失败之前，我们有必要先弄清楚一个问题：什么样的母亲才是一个好母亲？当代社会里对好母亲的标准要求很高，要求她们必须做到完美、无私地为孩子奉献，因此，为了孩子的幸福，也为了母亲们的幸福，我们有必要从现在开始考虑一套更加实际的新标准。英国精神分析学家唐纳德·温尼科特（Donald Winnicot）最开始的时候是儿科医生，他首创了短语“足够好的母亲”（good-enough mother）。他笔下还有一类母亲是“普通奉献型母亲”（ordinary devoted mother），她们一开始就能够通过识别孩子的需求与孩子建立一种充满爱的关系，唐纳德·温尼科特把这种状态叫作“原始的母性专注”。在唐纳德·温尼科特看来，“足够好的母亲们在早期的那几天或几周能够找到对孩子的认同感，因为那些时候除了照顾孩子也没有别的事情可做”。他还对早期的关键特性进行了阐释：“在我看来，妈妈通过与婴儿间的认同感来了解他们的感受，从而能够几近确切地满足婴儿的需求，调整抱孩子的姿势和改善周围的环境。”他说的“抱孩子”指的是母亲对婴儿做出的所有动作行为，除了哺乳孩子，还有抱孩子，对孩子说话、唱歌、摇着孩子等，这些动作都是早期婴儿护理中的关键之处，这些动作对婴儿有安抚和平静的作用。在唐纳德·温尼科特的笔下，“婴儿是不能没有妈妈的”。他的意思是，孩子所有的成长、发育和生存都依靠母亲，或者扮演母亲角色的人，但他并不认为母亲们都能完美地读懂孩子的暗语。“几近确切”意味着还不够确切。一个母亲若能完美且无所不知地预测到孩子的每一项需求，那她的孩子就没有机会体验到挫折。适度挫折——既不过量又不太少的挫折，会培养孩子思考的能力，引导孩子的内在成长，引导他们意识到他人的存在和需求。

唐纳德·温尼科特强调，一个“足够好的母亲”在给孩子提供安全感和抱持性环境方面所扮演的角色，就像是治疗师对他的病人所做的一样，但他并不是说需要为孩子提供一个一直都充满爱或者能够完美地满足他们需要的环境。他写的精神分析学名著《反移情中的恨》（*Hate in the Countertransference*）中列举了 18 条原因，说明为什么一个母亲（假设是“普通奉献型母亲”）有时候会恨她的孩子，例如：“对一个母亲来说，怀孕和分娩对身体都有危害。孩子是没有感情的，他们把母亲看作渣滓、愚蠢的佣人和奴隶。孩子不信任母亲，拒绝她提供的好食物，让她怀疑自己，但姑姑、姨妈喂他吃东西时他却吃得很香。孩子在家里哭闹了大半天，任凭母亲怎么哄都没有用，但在外面只要别人说他‘好可爱呀’，他就会对这个陌生人笑。”在这些情况下，母亲会恨自己的小孩是非常正常的，而且也是有必要的，能够让孩子最终明白他是个和母亲不一样的独立个体。

美国作家安·拉莫特（Anne Lamott）在她儿子出生的第一年里写了日志，在日志中强调了自己有时候免不了会恨孩子。她对儿子充满了爱，但在儿子因患肠绞痛而闹了一夜后，她筋疲力尽，不由地陷入沉思：“一个母亲既如此地爱着她的宝宝，又同时恨不得把他掐死或者扔下楼去，我不知道这对于一个母亲来说是不是正常的。”她继续写道：

> 他白天还好好的，机灵、漂亮、又乖，但不知怎么就得了肠绞痛。最开始的那一个小时，我虽然不开心，但总的来说还能应付，但渐渐地就无法控制自己了，最后感到非常挫败、失望和生气。我甚至还问他是不是一定要我去拿一根带钉子的棍子来收拾他，他才会罢休——当我的朋友凯瑞的狗不听话时，她就是这么对狗说的。我从来没有伤害过我的儿子，也不相信我会伤害他，但我却不得不离开他的房间，去其他地方透口气，或者哭一场。我希望对萨姆来说，我是一个很棒的妈妈，并且以后一直都是。也许，我不应该问他是不是要我拿棍子收拾他。

安·拉莫特以一种幽默和自嘲的方式表达了一个筋疲力尽的新手母亲的心声：她很爱她的宝宝，但是她已经筋疲力尽，现在急需睡眠！

矛盾的是，尽管对母亲来说，婴儿早期的几个月是她身体最受累的时候，但通常也是情感上最成功的时候，她全心全意地爱着孩子，一心只关心着孩子的成长和快乐。我将在本书后面更详细地探讨母爱。跟玛格丽特·德拉布尔的小说《磨砺》中的女主人公一样，很多女人都会发现，她们称得上是足够好的母亲，而且抚养孩子的过程对她们来说也是很治愈的经历。

很多女性担心她们无法在孩子成长的每个阶段都能做个很好的母亲。实际上，育儿过程中对母亲的要求是随着孩子的成长而变化的，因此，情感上的灵活性很重要。一些母亲们在孩子还是婴儿时能做得很好，但当孩子进入学步时期，她们就变得急躁，没有耐心；一些母亲对婴儿期孩子的需要紧张兮兮，但当孩子能够独立一点儿时，她们就放得很开了；另一些母亲对学龄期的孩子非常放松，但当孩子进入了青春期，她们的生活就如同灾难一般。母亲对孩子的需求的认同感不仅仅只存在于婴儿期，实际上，这种认同感贯穿她和孩子的整个人生。母亲对孩子需求的认同感不仅有助于调节和管理亲子关系，同样也会造成麻烦和痛苦。因为大多数时候，认同感是无意识地产生的，母亲也只是大概地知道孩子需要什么。然而，当一个母亲通过这种无意识的认同感，联想起自己过去某段艰难受伤的人生时，其潜意识里可能会产生不安，并让孩子重复这种创伤。例如，某个母亲在童年时期的性格既害羞又难于相处，哪怕现在她善于社交而且待人友善，但面对自己六岁的儿女无法适应学校生活或者无法交到朋友这件事，她可能就会失去耐心。因为她自己已经从过去的痛苦经历中走了出来，不想再去经历一遍，于是就没有耐心对待女儿身上发生的类似事情，事情就会因此变得更糟。如果她的丈夫小时候既不会害羞又不笨拙，那么他对女儿的帮助可能会比她更大。

稍后，我将分析瑞秋的例子。瑞秋是我的一个病人，曾患有轻微的产后精神错乱。一般来讲，我们不认为这种产后抚养孩子方面的障碍是精神病，但这会妨碍产妇产后的正常生活。通常来讲，既没有人提到这方面的精神问题，也没有人在乎。正是由于这种遗忘，没有人尝试对它进行分析和解决，因此，它继续存在于母亲和孩子之间，干扰着他们的正常生活。《坏种》讲述了一个曾经受过严重创伤的母亲为了控制她的孩子，无意识地将以前受过的创伤在她的孩子身上重演。讽刺的是，母亲为了应对孩子的挣扎而进行无意识的移情式调整，反而唤起了她记忆中尘封的心事，使她无法做一个好母亲。

矛盾母性心理：内化和外化的解决方式

在本书中，我希望不仅能够揭示母性矛盾心理的特征，还能探讨女性可以用来应对这种矛盾心理的办法。当女性试图应对自己的矛盾母性时，她们首要的担心是会生出一个怪兽，更多母亲担心的是自己会把一个正常的孩子慢慢养成一个怪兽，这些都说明了她们心理上的问题。母亲们担心因为自己不能给孩子足够的爱或者不能很好地抚养孩子，从而会把孩子变成一个恶魔，依我的经验看来，她们一般会用两种心理方式来应对自己的这种想法：要么责怪自己，要么责怪他人（尤其是怪孩子）。也就是说，她们的处理方式一种是内化的——内疚、自虐，认为是自己的错；另一种是外化的——偏执、怪别人，认为错误的原因在他人身上。在稍后的内容中，我会对内化的方式进行更详细的探讨。母亲们因为矛盾心理而产生了一些不当的行为，她们为此深感愧疚，责怪自己，于是想要更努力地去做一个好母亲，用各种真实的或者想象中的失败来惩罚自己。

在外化的方式下，母亲会责怪孩子、对孩子生气，她们把孩子视作仇恨和问题的化身，她们讨厌的既可能是自己身上的某个方面，也可能是某些对她们来说很重要的人（尤其是父母、兄弟姐妹和配偶）。我认为，选择这种方式的母亲们可能与自己母亲的关系不太好，或者在早期的亲子关系中受过伤，再或者有过其他受伤的经历，这些都是由于母亲们未能保护好年幼的孩子，导致孩子们在婴幼儿时期遭受伤害的经历。

选择责怪自己的母亲们会尝试修复弥补自己的失败。她们很可能会寻求心理治疗，并在治疗的过程中能够看清自己内心的想法、感受、恐惧和幻想。因为她们已经责备过自己了，相当于有过心理准备了，所以她们并不怎么害怕从自己身上看到什么。她们想要为自己的过失对孩子进行弥补，这可能会导致溺爱孩子，以及意识不到孩子的需求通常是和她们天生的脾气和性格的发展相关的。在安·拉莫特的故事中，她的儿子得了肠绞痛并不是她的“错”，但她却无法不把这件事归咎到自己身上。她曾向国际母乳会（La Leche）寻求帮助（幸运的是，母乳会的确能够帮她），因此解决了自己的问题。她曾经既为自己感到内疚和痛苦，又为孩子不乖而烦恼，但幸运的是她没有被内疚和痛苦打倒。

倾向于责怪他人的母亲们往往会感到羞愧和愤怒，而不会内疚。她们从孩子身上的一些让人无法接受的特质中看到自己的内心世界，不会对孩子的不乖做过多的思考。她们无法面对和接受自己的冲动和感觉，需要把这些感情从自己的内心驱逐出去，一旦她们在孩子身上看到了类似的情况，她们不但不想补救，反而觉得是孩子亏欠了她们。这些妈妈无法把自己的孩子看成分离的独立个体。她们不想寻求治疗，因为改变自己同孩子的关系在很大程度上会威胁到她们早已不稳定的均衡。

多丽丝·莱辛的中篇小说《第五个孩子》中描写了这样一位母亲，她的孩子代表了她最黑暗的一面、她的贪婪和无情。这位母亲最终明白了孩子的问题来源于她的内心，孩子是她对自己的需求和行为中无法接受的那部分的投影。

一些母亲认为自己的孩子不乖，任性；还有一些母亲感受不到孩子的需要，从而让孩子变得不乖和任性。《科学怪人：弗兰肯斯坦》中的弗兰肯斯坦博士就是这样的一个例子，由于放任和缺少父母的爱，他从一个正常的孩子长成了一个恶魔。

有时候，父母有着强烈的渴望，以至于孩子们最基本的需求和自力更生的需要都被忽视、忽略或者禁止了。在这种情况下，母亲对孩子的抚养是吸血式的，孩子们不能拥有自己的想法，孩子的身体和心灵被母亲殖民化，其存在是为了母亲的生存需要。

有一些看似不相干的情况却有着一定的联系，在这些案例中，母亲生活在一种让人难以忍受的环境中，从而导致了母性在亲子关系中的坍塌，甚至包括杀掉孩子。如果我们把情绪功能的紊乱状态（包括产后抑郁症）也归为难以忍受的环境，那么前文中提到的安德烈·耶茨的故事就与此相关了。托妮·莫里森的著名小说《宠儿》中写的故事也属于这种情况。在《宠儿》中，作者用充满情感的笔触和细腻的情感描述了一个复杂的故事，小说中的母亲非常爱她的孩子，但是她患了癔症，为了防止孩子被带走沦为奴隶，于是杀了自己的孩子。

通过阅读本书，读者将会发现亲子关系中存在各种各样的问题，但我坚信，这些问题将会朝着更健康的方向发展。即使在最糟糕的情况下，母性也会有强大的一面。在不同的生活阶段，在不同的压力之下，母性中突显出来的可能是力量，也有可能是脆弱。如果无意识的认同感以及过去痛苦的记忆会毁掉亲子关系，那母性中积极正面的特质将会拯救亲子关系。在一些特别极端的案例中，母爱都是亲子关系的核心。通过分析，我深刻地认为，有治愈作用的努力和干预能够改善母亲们情绪上和行为上的困扰。把无意识的母性力量暴露出来，母亲们就能选择更好的方式控制自己的情绪和行为，不会导致盲目冲动的行为。因此，当母性被黑暗或者隐藏的那一面所主导时，这样做也是有效的。

在本书后面的章节中，我将分析亲子冲突的例子，这些例子中有些案例很不幸，无法得以改善，但也有很多案例通过成功的干预而变好。本书的中心前提是：如果女性能够明白母性中的矛盾心理是很正常的，只是她们情感中的一种，那么她们将会寻求帮助，更有效地解决问题，从而极大地提升亲子关系中的幸福感和成就感。

The Monster Within:

The Hidden Side of Motherhood

第 2 章

母爱：母性欲望的力量

在编剧乔安娜·特罗洛普的小说《他人之子》中，里面的人物试图警告女儿做继母的害处：

> 继母似乎代表了我们在亲子关系中所有的恐惧，尤其是当亲子关系出现问题的时候。我们是如此需要和深爱自己的母亲，以至于在我们心中，非亲生的母亲就是恶魔般的存在。也正因如此，我们把继母当成我们恐惧的靶心，认为继母是所有坏母亲的综合体。如果你把你的继母看作巫婆，那你就不用再对自己的生母感到愧疚或愤怒。在你心中，生母必须是完美的存在。

他说得没错。我们想要从母亲那里得到一切，并且理所当然地认为应该这样。当我们从母亲的身体里出来来到这个世界时，我们是完全无助的，必须依靠母亲才能生存。为了应对现实生活，在人类意识的作用下，母亲具有强大的力量，或善或恶，既能帮助我们存活下来，又能让我们毁灭。我们既希望母亲能有魔法，也深深地希望自己有魔法。灰姑娘的仙女教母是她日夜思念的好母亲，最后回来拯救她。有趣的是，哪怕灰姑娘一直同继母生活在一起，她也不会喜欢继母，而是将消失的生母理想化，哪怕生母只是偶尔地在她的幻想中出现过。我们对母亲的需要使我们将母亲理想化，我们希望母亲给我们的只有爱、奉献和牺牲，这种理想化并未给正常的情绪反应留出空间，比如说母性中的矛盾心理。即使我们过了孩童时期，我们依然需要母亲。

南希・乔多罗和苏珊・康特拉多（Susan Contratto）在《完美母亲的幻想》（*The Fantasy of the Perfect Mother*）一书中阐释了女权立场对母性态度的转变。20 世纪 70 年代，人们公开承认母性中的攻击性是不可避免的，并且提出女性有必要将自己从家庭的束缚中解放出来。女权主义者和非女权主义者都倾向于认为，母亲需要为孩子在情感上和成长中的问题负责。南希・乔多罗和苏珊・康特拉多认为，在婴幼儿时期，我们对母亲的希望和幻想存在于我们的潜意识中，并且对我们过去和当下的认知都有影响，而人们的态度却没有考虑这种影响。在我们的内心深处，我们希望母亲喜爱我们、关心我们，还能像小时候那样对待我们。我们希望母亲仍然能够像对待婴儿期的我们那样“满足我们所有的愿望”。按照正常的成年人心理，我们不应再幻想妈妈有魔法，但在潜意识里，我们不愿放弃这个愿望，因此，我们经常把自己的缺点和失望归咎于母亲（或者父亲）。

在唐纳德・温尼科特的笔下，一个足够好的母亲是孩子未来情绪健康的必备基础，他还在书中描述了为了照顾好孩子，母亲需要哪些基本的投入。他提到母亲（有时候）可能会恨自己的孩子，并分析了很多原因，他承认一个足够好的母亲也会有矛盾心理，而且这种心理是十分正常的。有时候，母亲恨孩子对其成长是必要的，能够帮助孩子认知到自己是独立的个体，并且认清其他现实。也就是说，如果母亲不是总会满足孩子的全部需要，孩子就会更加清楚地意识到自己的想法和愿望，他会发现自己和母亲并不是同一个人。罗西卡・帕克对这一点的阐释更加深远，她指出母亲的矛盾心理本身并不是问题，而矛盾心理产生的内疚和焦虑感才是问题。我完全同意她的说法。诗人安德琳・莉琪（Andrienne Rich）写道，我们对矛盾母性的恐惧在于害怕“恨会多过爱，并且导致隔阂和放任”。她告诉我们：“我的孩子们给我带来了最强烈的痛苦，这是我之前从未体验过的。让我痛苦的是做母亲时的矛盾情绪，我有时感到非常生气，有时非常紧张，有时又充满了喜悦和满足感，这些情绪交错反复，让我煎熬无比。”需要注意的是，母亲在抚养孩子时获得的满足感并非来自全身心的自我牺牲，而是源于母子双方均感到愉悦的心理状态，当母亲和孩子都感觉开心的时候，母亲的需求也得到了满足。

母爱是母性中明亮的那一面。人若拥有了强烈的心理愿望，生理上就会产生强大的奋斗力量，进而增加母性中的母爱。通过分析，我发现人类肉体上的需求总会转变成心理上对滋养和安抚的渴望，即使这些渴望是潜意识的，它们也总是与我们潜在的需求相关。例如，有的母亲会爱上自己的孩子，并且一般会爱上自己的第一个孩子，这便是生理需求在心理上的一种反应。母亲对孩子的爱有着巨大的力量，其强度相当于青春期的爱恋，只不过后者更加短暂和利己。妈妈对孩子的爱和依恋更多是在不知不觉中产生的。让人惊讶的是，她们原本对怀孕生子的态度是矛盾的，她们中很多人打算自己不生孩子，领养孩子，但却在最后一刻改变了想法。她们原本不想要孩子，也不认为自己会爱孩子，但是对孩子强烈的爱意会使她们精心设想的计划付诸东流。

我有个病人是犹太人，心理比较成熟，她休完产假后来找我治疗，描述了她和孩子之间的“恋爱”现象。第一个孩子的出生让她感到非常兴奋和开心，照料孩子对她来说也是件非常轻松的事。在生完孩子住院的第三天，产科医生按照原计划来给孩子进行割礼，但她的反应却出乎了自己的意料：她想要保护孩子，心里充满了警惕。作为一个犹太人，她不能拒绝孩子的割礼，但她也同样无法就这样把孩子交给医生，哪怕她对医生的经验技术和职业道德很信任。割礼完毕后，孩子被送了回来，呼呼大睡。当她在育婴室的隔壁房间冲澡的时候，孩子醒了，哭闹起来。霎时间，她也哭了起来。她对我解释说：“完全没有想到，我的眼泪就这么下来了。我哭并不是因为我担心孩子会痛，虽然我也的确担心过他会痛。但真正的原因是，我感觉我和他是同一个人，他的眼泪就是我的眼泪。当时我身上的水甚至还没有擦干，我就跑回了育婴室抱起他，安抚他。”

这种情形并不少见，既说明了母亲对孩子的认同感，也是母亲共情的回应。我的这个病人在听到孩子的哭声时，作为一个母亲，她在潜意识层面感觉到了孩子的感受和需求，并且立刻过去安抚孩子。母亲们在潜意识里会在孩子成长的过程中重新经历这些阶段，基于共情力和认同感，并且会不断调整自己的期待。通过这样的方法，她们“本能地”知道需要做些什么。与此同时，如果一个母亲在自己小时候遭受了痛苦和伤害，或者婴幼儿时期的需求未能得到满足，当自己的孩子处于类似的成长阶段时，她的认同感就可能会给孩子带来麻烦。本书第 6 章会谈到我的病人瑞秋，在瑞秋的第一个孩子三岁的时候，她的奶奶去世了，她因此得了严重的抑郁症。瑞秋三岁的时候，母亲跟她的关系很疏远，由此产生的焦虑感和小时候的记忆还停留在潜意识里，并被奶奶去世这件事唤醒了。出了这样的事，瑞秋对此并没有多少共情，这和当年她母亲的做法一样，而她反而希望自己三岁的孩子伊桑能够快速适应，并且快速成熟起来，但这是三岁的小孩无法做到的。因此，瑞秋在抚养孩子方面的信心受到了打击，虽然这只是暂时性的，但却有很大的危害。母性一方面既可以给孩子带来巨大的成长力量，甚至是脱胎换骨的转变，但另一方面也能产生倒退性的影响，引起诸多问题。对于大多数女性来说，她们的情况处在两者之间。

许多年前，当我在耶鲁大学医学院学习的时候，我有机会观察了母亲和新生儿之间的情感联系。我的论文研究的是育婴信息来源中的社会阶层差异。在研究的过程中，我采访了 20 位新手母亲，她们刚生完孩子没几天，她们中的大多数人都为孩子的出生感到幸福、快乐和开心，都认为自己的孩子既漂亮又特别，但有两个母亲例外。

其中一个不开心的母亲是个大学毕业生，她生了一对龙凤胎。在产后的第三天，她接受了我的采访，在采访中她把女孩叫作“我的乖宝宝”，把男孩叫作“老公的宝宝”。她在分娩之前就已经知道自己怀的是两个孩子，当想到自己将要喂养两个孩子时，她感到不知所措和害怕，不想照顾男孩。但同时，她也因为自己有这种想法而烦恼，于是接受了一些紧急的支持性心理治疗，效果非常好。几天之后，我再次看到她时，她告诉我，她决定不再完全只靠自己的母乳来喂养两个孩子，而会用奶瓶代替母乳喂养。在说这些话的时候，她明显平静了很多，而且对男孩也有了好感。她的丈夫愿意参与进来，和她一起照顾孩子，这也有助于她重新找到平衡。这个故事本没什么了不起的地方：在危机紧急治疗的干预下以及配偶的支持下，原本可能产生危害的矛盾母性得到了及时的调整。我认为这种治疗是有效的，因为在治疗的过程中，有人尊重并理解母亲的感受，而没有谁会像她担心的那样谴责她。她的焦虑和内疚得到了释放，因而她能够缓解自己的困境，采用了之前看来难以接受的处理措施，例如同等地对待两个宝宝、用奶瓶辅助喂养等。后来，我没能继续跟进她的故事，但如果哪天她即使不用奶瓶也能很好地喂养两个宝宝，我也不会感到吃惊。即使她做不到，她也不会丧失自己在育婴方面的信心。

另一个母亲的故事看起来就没这么幸运了。这个母亲只有 18 岁，已婚，她的情绪特别烦躁和焦虑，我差点儿都没法采访她。她的育婴信息来源看起来似乎并没有什么关联性。她不想为宝宝做任何事情，而只感到恐惧。她谈到了分娩的艰难，暗示自己照顾儿子会是一件很困难的事，但是在整个采访过程中，她的儿子都在安静地睡觉。我开始感到有所警觉。很明显，她的母亲和家人将会帮她照料孩子。我的研究没有涉及后期的跟进，但当我回顾这个采访时，我意识到我之所以变得警惕，是因为我发现，在这个妈妈的心里，她认为儿子会长成一个怪兽。跟前面生了龙凤胎的妈妈不一样，她对心理干预治疗不感兴趣，只想赶紧逃离这个让她难以容忍的困境。我需要在这里补充说明一点，许多年龄相仿的新手妈妈们有过同样艰难的分娩经历，但她们却为孩子的到来感到很开心，这说明分娩是否艰难和对孩子的欢迎程度两者之间并没有什么关联。这个病人只是有心理上的问题，还没有做好当母亲的准备。

孩子的出生会重新配置家庭成员的关系，让女人的地位变得不同，通常来讲会让女人的地位变得更加特别。我的一个有资历的男同事曾经跟我提到，他遇到的病人中，很多刚生完孩子的女性说希望自己的母亲能在身边，哪怕有些病人之前和母亲的关系并不太好。我的病人中也有很多人有这样的想法，希望能与自己的母亲更加亲密。当女性自己做了母亲时，家庭成员的关系会发生改变，在一些情况下，她们会“宣告独立”，和父母的关系会变得疏远；在另外一些情况下，她们和家人的感情联系反而会得到加强，之前破裂的关系也会重归于好；而在一些不好的情况下，她们会产生妒忌心理和敌对情绪。

大多数母亲都希望自己的女儿在做母亲的时候能追随自己的脚步，但也有例外。我的病人卡罗琳因为医疗和心理上的原因只能生一个孩子。她跟我说，虽然她“知道”自己有这种想法是不理智的，但仍然难以接受：她的母亲总是能从女儿身上挑些毛病，剥夺她做母亲的骄傲和快乐。卡罗琳的案例反映了她的母亲有焦虑和妒忌性的破坏心理，这种心理被卡罗琳察觉到了。对女人来说，做母亲是一件重要的事情，在这个极度复杂的过程中，她的配偶、父母和兄弟姐妹既可以起到支持、帮助的作用，有时候也会成为破坏性的力量。

做母亲这件事本身就蕴含着巨大的未来发展的可能性，为修复过去的问题提供了新契机。例如，有了宝宝后，通过跟宝宝的肌肤接触安抚和依偎，母亲能够满足感觉上的需要。有时候，这会使她对配偶的性欲降低；而有时候，这会增加婚姻生活中的性欲（因为生理和心理的原因，一些性冷淡的女性在生完孩子后在性方面变得敏感起来）。照顾婴儿会让母亲们有机会满足自己在婴儿时期没能得到满足的需求，但这种满足可能存在一定的问题。如果一个女性在婴幼儿时期同自己母亲的关系未能稳固地内化成良好、健康的母婴互动，那么在她有了孩子后，她可能会妒忌自己的孩子，嫉妒孩子从她身上得到母爱；或者当宝宝难以安抚时，她会非常生气，因为这使她感觉自己没有安抚孩子的能力。因此，她会担心自己没法像自己的母亲那样照顾孩子。实际上，母亲和孩子之间的关系一般都会受母亲自己在婴幼儿期间的经历的影响。

达芙妮·德马内弗在《母性欲望》一书中谈到，她认为女性对成为母亲的欲望被忽视了。她认为，尤其是在中产阶级和受过教育的女性之间，出于一种“通过放弃对孩子的兴趣来保护个体的自我心理”，生孩子的欲望被女性忽视了。她认为，“母亲照顾孩子的欲望有利于个人发展和个人表达，而非否定或抑制”。做母亲既是其个人发展的机会，也能弥补其情感上未曾实现的需求。许多年轻的妈妈们在照顾孩子的过程中“长大了”。在育儿的过程中，许多母亲深刻地体验到了亲密、安全感，以及为人父母的乐趣，对有些人而言，她们还是第一次在人生中体验到这些感受。许多文学作品把做母亲的过程描述成一种有疗伤、治愈甚至拯救作用的经历。

母性的拯救作用：《磨砺》

在多萝西进行第一次治疗的过程中，她告诉我，她有过一个孩子，“如果不是因为女儿，我今天也不会在这儿了”。她的意思并不是说照顾女儿使她有了心理问题，而是，和女儿的关系使她第一次产生了信心，相信自己能够建立一种积极的情绪联系，希望有人可以依靠心理期待得到满足，而不会招致失望和羞辱。她的原生家庭稳定和睦，但在情绪表达上过于压抑和克制。来我这里接受治疗时，她渴望与朋友之间拥有亲密感，希望与丈夫的感情更加亲密温馨，但却害怕这么做会有风险。随着对我越来越信任，她学会从和我的移情关系中体验这些感觉。这让她和身边的人（包括和丈夫、家人、朋友，而不仅仅是和女儿）的关系变得更加亲密。

多萝西在情感上的很多方面都让我想起了罗莎曼德・史黛西（Rosamund Stacy），后者是玛格丽特・德拉布尔的小说《磨砺》中的女主人公。罗莎曼德・史黛西在情感上采取跟人疏远决然的姿态，拒绝婚姻，意外怀孕后选择做单亲母亲，独自承担抚养孩子的种种艰辛，看起来似乎是在自我毁灭和自我虐待，经历了痛苦的心理磨砺。小说的弦外之意是，母性具有拯救和治疗的作用。

罗莎曼德年轻、漂亮，出身上流社会，是一名学者，事业成功，但她在感情方面经历尚浅，具有两面性。她同时跟两个男人交往，但他们都觉得罗莎曼德在跟另一个男人睡觉。罗莎曼德希望得到他们的倾慕和注意，从不挑明他们之间的关系。对于自己同男性之间暧昧混乱的关系，罗莎曼德说："爱情开始的时候也是爱情结束的时候。"她害怕亲密感，回避性爱，也放弃了对爱的期待。作为小说的读者，我们不太了解罗莎曼德的早年经历，只知道她是家里三个小孩中最小的那个，她感觉父母对她不太关心，认为他们的生活原则是禁欲、左翼式的，强调自我惩罚式的牺牲和独立。"我认为依赖是最大的罪过。"她说。罗莎曼德害怕的不是性爱，而是性爱隐含的脆弱感和需要感。在她眼里，做女人意味着处于弱势和低等的状态。在她意外怀孕后，她觉得自己罪有应得，"只怪自己一开始就是个女人"。这种说法体现了她以受虐的视角来看待女性特征，她认为女性是次等的，注定受苦受难。罗莎曼德的这种态度说明，她跟母亲之间的内化关系是有问题的。

罗莎曼德同样把怀孕当作判断第一次性交的证据。她选择了偶然认识的乔治，乔治是一个双性恋，但罗莎曼德以为他是同性恋，并且允许乔治勾引她。因为在罗莎曼德看来，和乔治发展这种关系不太可能产生亲密感，而亲密感对罗莎曼德来说是危险的。虽然罗莎曼德有时候也渴望乔治，但她不会要求乔治做任何事，也不会表露自己有任何需要，她也从来没有告诉过乔治她怀孕的事。在所有的关系中，罗莎曼德都尽量保持一种“自给自足、特立独行的姿态”。在心理分析师阿诺德·莫德尔（Arnold Modell）看来，她的这种做法是一种对感情的防御，尤其是对爱情的防御。因为爱情会让人感觉脆弱，罗莎曼德采取这样的姿态能够帮助她不依赖于他人。

罗莎曼德感觉自己“除了事业，其他的尝试通常都是失败的”，这种感觉反映了她对自己同其他人建立安全且持久的关系缺乏信心。在自恋的外表下，她压抑而且自虐，这是她性格中最基本的一种表现。罗莎曼德的自虐代表了她认同父母的自我剥夺式的生活原则，这使她拒绝自己对爱的需要，使自己陷入空虚和沮丧。对罗莎曼德来说，怀孕代表着情感的妥协。尽管她渴望拥有一段感情，以减轻压抑和孤独，但不幸的是，她不允许自己这么做。尽管她潜意识里明白单身母亲独自抚养孩子会很艰辛，会遭受很多痛苦，是自我惩罚的做法，但她愿意承受。

当罗莎曼德意识到自己怀孕了，她想通过流产把孩子堕掉，但行动上比较敷衍，最终没能成功流产。“我感觉自己的独立性受到了威胁，我不知道如何靠自己来搞定这一切。”罗莎曼德没有意识到自己内心深处对孩子的渴望。她想象着靠自己搞定一切，其实只是不想承认一点：生孩子意味着和人建立联系。在她看来，在产科门诊生孩子的女人的形象非常痛苦可怜。但在我看来，她之所以会有这样的想法，是因为她有抑郁的心态，她的看法是她抑郁心境的投影。罗莎曼德说：“我的人生第一次陷入了一种人类极限，我要学会如何在这种限制中生活。”因为未婚生子和出身阶级的缘故，罗莎曼德在就诊时感觉自己是个弃儿，但实际上，她有被孤立的感觉是由于自己情感上的退缩造成的。她本可以不去门诊，自己完成堕胎。在拒绝的心态下，罗莎曼德把怀孕当作自己应得的惩罚。

渐渐地，随着怀孕过程的继续，或许感受到了婴儿在体内的运动，她开始怀疑自己是否在心底想要这个孩子。她想选择一种完全不同的生活方式，“跟我生活的环境完全不一样的方式，彻底地抛开学术热情、社会意识，抛开那些没有发展活力也不明朗的情感联系，抛开自由意志”，采取一种不那么理智、不那么需要感情的方案，只考虑与孩子的联系以及自己的感觉。

尽管罗莎曼德不确定自己能不能做一个好母亲，但当姐姐劝说她堕胎时，她意识到自己非常坚决地想要保住这个孩子。这个时候，她感受到的不是爱，而是“对自己非常自信，确信不堕胎的话，自己能够比其他父母做得更好”。尽管这种信心听起来不太真实，而更像是一种自恋的态度，但却代表了罗莎曼德与孩子最早的情感联系。孩子是她的一部分，如果她能够照顾好自己，那她同样能够照顾好孩子。罗莎曼德还发生了其他变化。她感觉自己充满了精力，工作的创造力和能力都提升了——很多女性在怀孕的过程中都体会到了这一点，而且罗莎曼德还发现自己不再那么自虐式地顺从了。有一次，她坐公交车时发现只有一个空位，她坐了这个位置，另外两个年纪大一些的女人没有意识到罗莎曼德怀孕了，互相表达了对她坐这个位置的不满。在正常的情况下，罗莎曼德会毫不犹豫地让出这个位置，但现在她能够承认，与那两个女人相比，现在自己的确更需要这个位置。

罗莎曼德已经准备好要迎接这个小生命了。她分娩的过程较为轻松，关于看到宝宝的第一眼，她说“感觉语言都是苍白的。爱，我觉得这就是人们所说的爱，而且是我人生中的第一次”。她为有了一个这么漂亮的宝宝感到骄傲，同样让她感到骄傲的还有她觉得照顾宝宝是件挺轻松的事。当需要把孩子奥克塔维亚抱回给护士照顾时，她也毫不犹豫，“因为抱她时的快乐对我来说已经足够了”。

我曾经跟一个刚生完第一胎的朋友聊天，她非常严肃地说：“最棒的时刻是他们让我把儿子从医院带回家的时候！”跟罗莎曼德一样，她几乎也不相信自己竟然生了一个这么可爱、漂亮的宝宝。

随后的几个月，为了照顾女儿，罗莎曼德晚上无法睡觉，但她为自己的反应感到惊讶和开心，尤其是当女儿对她笑的时候，有一种独一无二的感觉。在女儿几个月大的时候，罗莎曼德决定不再用母乳喂养女儿。罗莎曼德知道女儿非常喜欢喝母乳，但她无法忍受溢乳带来的乱糟糟的样子。当她第一次用奶瓶喂孩子，看见奶瓶里的牛奶一点点地减少，她觉得这才是宝宝第一次真正意义上的吃饭。这里体现了罗莎曼德矛盾的母性。她对自己的女性身体感到不自在，没法自然地接受哺乳期乳房胀满和溢乳的情况；另一方面，尽管她在哺乳时非常轻松和适应，但还是担心自己的母乳不够喂孩子。她对自己的女性特征和哺乳方面不够自信，我们不清楚罗莎曼德是否是喝母乳长大的，但可以确定的是，罗莎曼德的母亲不喜欢孩子对她的依赖。哺乳期母亲和孩子之间的亲密关系，尤其是当孩子的意识更加清楚并且能够给予母亲回应的时候，这对罗莎曼德这样的女性来说是一种威胁，提醒她内心深处不想承认但却真实存在的对依赖的期待。罗莎曼德想停止母乳喂养的初衷并不是为了更好地喂养孩子，也许对孩子的爱和关心能够让她改变这个决定。

小说《磨砺》中的情感真实，发人深思。罗莎曼德虽然爱她的宝宝，但却出现过矛盾的心理，她的母性成长的过程中有两个重要的发展阶段：第一个是罗莎曼德对孩子积极的回应，因为能够爱他人和被爱而感到惊喜和幸福；第二个是从怀孕到照顾女儿的过程中，出现了一些让她感到威胁的事，她感受到的痛苦比哺乳孩子时的麻烦和辛苦更胜一筹。女儿八个月大的时候，被诊断出患有先天性心脏病，需要立即进行手术。罗莎曼德既为女儿的不幸感到忧心，又害怕会失去女儿，但同时又感到生气，自己因为对女儿的爱而变得脆弱。

> 但是现在，我第一次为他人感到害怕，而且无法忍受。当我感到痛苦的时候，我会恨奥克塔维亚，恨命运让我变得脆弱；直到现在，我一直都在防御和屏蔽这种感觉，但现在我知道自己非常脆弱、柔弱，没有任何防备，并且很容易被偶然的打击击中。

罗莎曼德感觉自己对女儿的爱是种负担，她直到现在仍然把这种爱看作一种弱点。但同时她也意识到，如果没有她，女儿在情感上是无法存活的，这让她感到沉重。她发现自己会想念女儿的父亲乔治，希望还有其他人来爱女儿，这样女儿就不必只依靠她一个人。罗莎曼德正在体验大部分母亲都有的感受：孩子必须依靠母亲才能生活，母亲可以让孩子过得更好，也可以让他们过得很差，这对母亲来说是一种安慰，同时也是一种负担。小说《磨砺》的标题使用了双关的手法：奥克塔维亚的确像是拴在罗莎曼德脖子上的一块沉重的磨石，但她的到来却给罗莎曼德的一生带来了最重要的情感磨砺。

在女儿接受手术的时候，罗莎曼德感到茫然恍惚。当手术顺利结束，她又开始担心女儿的反应，担心女儿一个人醒来发现妈妈不在身边时的心情。她知道婴儿无法表达自己的恐惧，但这不代表他们没有恐惧——“孩子是无辜的受难者”。大多数时候，罗莎曼德对自己的精神作用是非常迟钝的，但是现在，随着对女儿的需要越来越敏感，她对自己也越来越了解。她知道自己同样离不开女儿。

医院规定妈妈们不能和婴儿一同进入手术室，从不小题大做的罗莎曼德在那个时候据理力争，坚持认为她应该和孩子待在一起。她歇斯底里地想要见到女儿。与此同时，她意识到“自己的意识非常清楚，感情强烈，但自己努力地克制着，努力让自己不要崩溃”。这种控制强烈情感的魄力和忍受能力对罗莎曼德来说绝对是从来没有过的，对她来说是个转折点。罗莎曼德的强烈情感是出于对女儿的担心和爱，但她能够控制自己的情感，不让自己崩溃，因为她清楚女儿最需要的是什么，而且女儿的需要应该排在首位。罗莎曼德控制情绪和采取行动的能力均得到了提升，她的例子很好地说明了做母亲会给人重生的机会，能够提升女性的自我力量。

当罗莎曼德最终见到女儿时，她担心女儿会不记得她，担心女儿会伤心，但女儿见到她后立刻不哭了，对她笑了起来。“我能看得出来女儿已经原谅我了，她不怪我没有在她身边，她的宽容让我感觉非常棒，因为我不是一个宽容的人。”良性的亲子过程是双向的学习渠道，对母亲来说如此，对孩子的成长而言亦如此。这就是达芙妮·德马内弗所说的，“母性的欲望是母亲自己未来发展的机会”。

罗莎曼德现在能够明白一点：爱靠的不是优点和魅力。“我现在知道了，我能够拥有的高质量的人生和幸福靠的其实是事实，而不是靠我的愿望。”这也说明了罗莎曼德那些同现实生活的联系（包括内心的现实和外在的现实）都得到了加强。

罗莎曼德对邻里关系一向淡漠，而且不屑于麻烦邻居，而在小说的结尾，罗莎曼德在出门买抗生素时请求邻居帮忙留意女儿的动静。邻居的好意和关心让罗莎曼德很感动，因为她请求邻居帮忙，邻居就友善地对她施以援手，这使她意识到，她现在可以为了奥克塔维亚去寻求帮助。她不会再选择自虐式地自我否定和拒绝，也不会将自己孤立起来。而且，对罗莎曼德来说一直都很重要的事业，也因这种改变而变得不同并获得了成功。罗莎曼德对待学术工作的态度不再像个精神分裂患者，也不再“学究式地对待学问”。她抚养女儿的方式和追求事业贡献的方式均发生了变化。

能够更加灵活、更有感情地去爱，进入一段互相依赖的关系，以及应对内心世界和外在现实的能力，换句话说，就是在养育孩子的过程中依然能够继续发展自我的能力，这些都是母爱的回馈，是母性中积极明亮的一面。这也是母性中的矛盾心理状态，只不过在明亮和有益的一面，矛盾母性是充满养分和快乐的过程；在黑暗的一面，它是思考、妥协和成长的契机。

第3章

“超好母亲”的微妙矛盾心理

我的病人多萝西和小说《磨砺》中的主人公罗莎曼德都是在空虚和压抑的情感状态下成为母亲的，通过做母亲，她们都得到了成长并且变成了更加满足和积极的人。她们是唐纳德·温尼科特所说的“足够好的母亲”，这类母亲不是没有矛盾心理，而是对孩子有足够多的真实的爱，能够敏感地感受到孩子的需要，而且灵活、实际地回应孩子的需要。我很重视唐纳德·温尼科特的“足够好的母亲”的说法，因为所有母亲都有自己的需要，而且这些需要不可能总是与孩子的需要一致，正是母亲和孩子的需要产生了冲突才导致了母性中的矛盾心理。

对于一些母亲来讲，“足够好”依然是不够的，她们还想成为完美的母亲。由于在真实的情况中完美的母亲是不存在的，因此我只好把她们称作“超好母亲”（too-good mother）。对于“超好母亲”来说，她们潜意识中希望自己没有矛盾的心理，但这是不可能的。她们的矛盾心理以一种微妙的形式存在，通常乔装成一种深刻用心，愿意为子女倾尽所有并且用绝对正确的方式来养育子女。在我们的文化中，人们对母性中负面心理的容忍度有限，因此许多的女人挣扎着想要做到完美，尤其是中产阶层和上等阶层，她们想要成为完美母亲的这种挣扎，给自己和孩子带来了看不见但却普遍存在的影响。

几年前的一个暑假，我和家人外出度假，连同我一岁八个月大的孙女也带上了。在度假期间，我观察了一个母亲和女儿的互动，她女儿的年纪和我孙女一般大，她们的互动让我感觉心惊和不安。我们待在新英格兰的一个家庭旅馆，这家旅馆的一项“度假额外福利”是提供小孩游乐场，可以帮客人托管孩子，由一个亲和能干的顾问负责，以便客人们每天能有几小时的时间放下孩子单独游玩。旅馆有很多孩子，有个大房间里满是小孩子玩的玩具。在吃饭的时间，我来游乐场接送孙女的时候，我都有很多机会观察其他父母和孩子，观察他们之间的互动。

我们每次送孙女来游乐场的时候，她都很开心，如鱼得水。孙女的父母虽然很关注她，但都比较放松，很珍惜孙女不在他们身边的时间，能够比较容易地让孩子玩自己的。在游乐场里，有些孩子（和父母）开始很难分开，但他们后来都习惯了游乐场的活动和安排。

大家都对这样的安排感到满意，只有一对母女例外：克莱尔和她的女儿苏茜。开始的时候，她俩看起来跟其他母女没什么两样。苏茜有点儿害羞，表达能力没有其他同龄的孩子好，但她能够习惯离开妈妈。但我却感到有点儿担心，后来我意识到是克莱尔同苏茜说话的方式——她说话嗓门大，而且说个不停，不停地在评论苏茜的一举一动。表面上看，这些话语再正常不过，而且也是出于一个母亲的好心。“苏茜，来吃一点儿麦片，你最喜欢脆谷乐了。”“苏茜，别吃那个饼干了，吃点儿这个葡萄。”“苏茜，要分享玩具，让其他的小朋友也玩一玩。”问题是，苏茜看起来并不喜欢脆谷乐，更喜欢饼干，而且她刚开始玩玩具就被告诉要和别人分享。克莱尔很关注苏茜的一举一动，但她养育苏茜的这种方式是有问题的：一个一岁八个月的孩子怎么会懂得分享呢？就算他们懂得，他们也不愿意真的去分享。但克莱尔却一直围绕在苏茜身边，盯着她的一举一动，干涉她脆弱的自主性，忽略了苏茜真实的意愿。

这难免让人疑惑，克莱尔是个很投入的妈妈，问题出在哪里呢？因为克莱尔不是我的病人，所以我无权对她进行咨询，但我从对她的观察中看出了一些问题。苏茜是克莱尔的第一个孩子，生下苏茜也是克莱尔计划之中的事，克莱尔想要孩子，备孕生下了苏茜。克莱尔曾经有着成功的事业，但现在因为要照顾孩子，只能做兼职的工作。她的丈夫也承担了不少照顾小孩的工作，这样的安排看起来似乎挺合理的。然而，我很好奇克莱尔是真的想生下苏茜吗？如果克莱尔因为想要孩子而按计划生下了苏茜，那她在潜意识里就没有必要想把一切都做得完美，因为只有当她不想生苏茜时，她潜意识里才需要把一切都做得完美，以此来打消自己的负面情绪。或者克莱尔只是为自己离开苏茜而感到内疚，想要给苏茜更多？她是否认为一个“好”母亲不应该去上班？如果克莱尔不是那么想生下苏茜，那她潜意识里因为外出工作而产生的内疚感会更加强烈。

克莱尔对苏茜的控制有点儿过度了，很多焦虑的新手妈妈都会这样。克莱尔跟苏茜说话的声音很大，还时常伴随一种让人不舒服的大笑，而且说话的时候会迅速地环顾四周。她的身体语言表明她希望所有人都知道她是一个非常认真的母亲、一个事事正确的母亲，这种想法体现了克莱尔其实怀疑自己做母亲的感受和能力。她刺耳的大嗓门就是很好的证明。

苏茜看起来是个聪明的孩子，发育正常，但很害羞，容易哭鼻子，也不怎么说话。苏茜之所以会这样，是不是因为克莱尔没有给过她说话的机会？苏茜这个年龄段的孩子并不都会说很多话，但女孩子的语言能力一般发育得要比同龄的男孩早。可能因为克莱尔一直在说，苏茜根本没法插上嘴，因此渐渐地也就不再试图开口了。

因为我不熟悉克莱尔，所以只能假想她的心理活动。我的猜测是，对于追求完美主义的克莱尔来说，孩子的需要太多了，而且生孩子是一件难以预测的事。也许克莱尔曾经想要的是另外一种性格的孩子，一个比苏茜更早熟且没有这么焦虑的孩子；或许她想要的是一个男孩。我敢肯定的是，克莱尔不会对任何人（包括她自己）承认她有任何程度的矛盾心理。而且，任何跟克莱尔打交道的人都能轻而易举地看出她对做母亲的不适感，她并不清楚自己会对孩子产生什么样的影响（我的儿子用“自负”这个词来描述她）。在真实生活中，与其说母性中消极的那一面很微妙，让人难以察觉，不如说是人们不愿意去承认它的存在。许多妈妈能够承认自己的母性中存在消极的一面，至少她们可以对自己承认这一点，但克莱尔却拒绝承认这一点，说明她内心深处缺乏安全感，不相信自己有能力做好一个母亲。那些想成为“超好母亲”的妈妈们可能在性格和个人经历等方面都不相同，但一般说来，她们想做到最好的完美主义心愿会延伸到人生的其他方面。不过，她们把这种不适感隐藏得比克莱尔更好。

我的一个熟人的女儿塔尼娅就是一个典型的“超好母亲”。这个类型的妈妈们都深信做“正确的事”能够避免孩子出现情绪、行为和学习等方面的问题。她们之所以笃信某些事情是对的，原因在于某种根植于她们早期经历的信仰。塔尼娅的原生家庭信奉宗教激进主义，在她家里，如果一个人信仰某件事，那这件事就是正确的。与塔尼娅和她的家人看待世界万物的方式不同，我的世界观更加科学和经验主义，某件事只有被证明是正确的，才值得被相信。

塔尼娅成年后还与家里人保持着紧密的联系，但不再和他们一样信奉宗教激进主义和政治保守主义，但是，她放弃的这种信仰和狂热通常会以其他形式出现。她成了一个无神论者，在政治上属于左翼，是非传统的医学和育儿实践的支持者。在她心里，这些信仰和做法都是正确的，原因就是她信仰这些。

塔尼娅有三个孩子，他们都是在家里分娩的。虽然生老二和老三时很轻松，但她生老大的过程简直如同噩梦一般。分娩进行到第二阶段时就不顺利了，生不下来，塔尼娅异常痛苦，最后只好赶紧赶到医院，然后不情愿地打了麻醉剂，终于在一个小时后把孩子生了下来。塔尼娅把这次生孩子的过程看作一次失败的经历。虽然她很爱她的宝贝儿子，但认为分娩的方式不是“自然”的。她后两次分娩都是在家里进行的，过程也比较轻松，因此她对第一次分娩的愧疚感减轻了不少。但是，她为什么要对第一次分娩感到愧疚呢？

在喂养孩子方面，塔尼娅同样有着某种特别的坚持和狂热，她坚持用母乳喂养孩子。她连续多个晚上不睡觉照顾孩子，最后实在吃不消，又必须外出见朋友，因而才同意偶尔让她丈夫用奶瓶喂孩子，奶瓶里装的还必须是提前挤出来的母乳。塔尼娅直到孩子们自己选择吃固体食物了才断奶，如果不是孩子们自己自然离乳，真不知道她什么时候会给他们断奶，我甚至怀疑塔尼娅是否会给孩子断奶。只有到了万不得已的地步，塔尼娅才会使用疫苗和其他形式的现代医疗手段。她不会让孩子吃止痛片和抗生素。她只给他们吃百分之百的有机食物，其中大部分都是蔬菜，偶尔才能吃点儿糖。在孩子的养育方面，她丈夫听她的，对整个育儿过程比较随意，也几乎不怎么插手。

塔尼娅对正确事情的坚持超过了对孩子生理成长的关心。因为认为“屏幕时间”会影响孩子的大脑发育，所以她家没有电视机，孩子长大一点儿后才被允许每天玩一会儿电脑。她家孩子的玩具都是木制的，没有塑料玩具，而且玩具除了要有娱乐用途之外还得具有教育的作用。塔尼娅一家生活的城市有很好的公立学校，许多年来儿子的口头表达能力都不是很好，而且由于对使用电脑时间的限制，儿子对电脑一窍不通，不过好在，塔尼娅对孩子们在学校的表现要求并不高，两个女儿在学校的表现都不错，在家里也挺听话。

有人可能会问，塔尼娅的育儿行为中哪里体现了母性的矛盾呢？许多母亲都想用正确的方式养育子女，遵循她们生活时代和所处阶层的主流文化和惯例。塔尼娅很爱她的孩子们，在子女的养育方面投入很多，但她太过于注重自己的信仰，不能做到灵活处理。她曾经给我讲过一个故事，这个故事体现了她的呆板。第一个孩子在吃了固体食物之后就自然离乳了，她担心自己对孩子的哺乳不够，于是在喂养第二个孩子时，她必须喂给他“足够”的母乳，结果这个孩子很能吃，不停地要喝母乳，以至于塔尼娅的哺乳甚至有点儿跟不上孩子的节奏了，更何况她还有两个孩子。有一天，她实在感觉自己被掏空了，她的母亲建议她给孩子吃点儿米糊试试，塔尼娅照做了，没想到这个七个月大的小家伙大口地吃了起来。于是，塔尼娅开始给孩子喂辅食，但她还是觉得自己是个失败的母亲。在她的信仰中，没有任何辅食能够比得上母亲的母乳。

2009 年 4 月，《大西洋月刊》（*The Atlantic*）刊登了一篇名为《反对母乳喂养》（*The Case Against Breast Feeding*）的文章。作者汉娜·罗森（Hanna Rosin）有三个孩子，都是母乳喂养。但在文章中，汉娜对当下把母乳喂养过于理想化的态度提出了反对的意见，并提出适合喂养宝宝的方式不只有母乳。汉娜并不反对母乳喂养，只是当下人们越来越迷信母乳喂养，而且声称母乳喂养能够接种预防传染性疾病，有助于婴儿大脑发育和增长体重等，但这些说法也没有在研究中得到过证实。2008 年 5 月 13 日，《纽约时报》科学版刊载的一篇文章说，若干研究证明，疫苗会提高孩子患自闭症概率的说法是错误的。而塔尼娅的观点是，两篇文章都是错的。

塔尼娅身上的确存在某种特殊的矛盾行为，而且她的矛盾之处跟她平时对孩子们的关心非常不相符，因此让人震惊。塔尼娅和朋友约会或者计划短暂的假期时，她没有帮孩子们做好充分的准备，因此对于她不在家这件事，孩子并没有准备好。她会让孩子们知道她将要出去，但通常却没有给孩子足够多的时间来消化这件事，而且回家的时间也不完全准时。塔尼娅没有意识到自己有多么想出去。孩子们平时都非常依赖她，因此这件事对他们来说是非常不稳定的。在孩子们长大后，他们会不习惯跟父母和兄弟姐妹们分开。在和孩子分开的问题上，塔尼娅的做法比较不确定，这不仅体现了她母性中矛盾的一面，还说明了她潜意识里担心自己会伤害孩子。在塔尼娅眼中，“错误的”食物、“错误的”的做法以及“错误的”的玩具都包含了对孩子的伤害，因此她极力避免这一切，但她和孩子分开时的做法却是错的。塔尼娅的矛盾心理加重了错误的做法，但是她自己还没有意识到。

塔尼娅代表了那些“超好母亲”，她们试图把每一件事都做正确，结果却给自己和孩子的生活带来了麻烦。萨姆·门德斯（Sam Mendes）导演的电影《寻找安乐窝》（*Away We Go*）以温馨的场面描绘了完美主义的育儿方式。影片中的父母把亲密育儿法执行到了一种极致，非常滑稽：影片中的妈妈频繁地给两个孩子（一个半岁，一个四岁）喂奶，有时是同时喂奶。孩子们睡在“家庭床”上，目睹着父母的性生活，因为父母觉得“这对孩子们的发育很重要”。影片中的妈妈从来不使用婴儿车，不管到哪里都抱着孩子，因为婴儿车拉开了孩子和母亲身体的距离。影片中的父母狂热地追求“正确的育儿方式”，如同患有感应性精神病一般。

还有另一种“超好母亲”，其存在的形式更为微妙，在最近几年里经常成为新闻报道的头条。这些母亲们认为她们的母爱是无穷无尽的，而且跟孩子的需要比起来，自己的需要不值一提。这种育儿方式很容易让妈妈们崩溃。例如，当下在电影明星中流行多生孩子。安吉丽娜·朱莉（Angelina Jolie）就是一个有名的例子，我猜她家的孩子主要靠保姆来带，不管我猜想的对不对，明星妈妈中似乎上演着一场激烈的自恋式的竞赛。“自恋”是明星妈妈的一种隐藏的愿望，她们希望自己对很多人来说都很重要，而不仅仅只是对粉丝。因为毕竟对于孩子来说，谁能比妈妈更重要呢？在本书的第 7 章，我将通过多丽丝·莱辛的小说《第五个孩子》中的故事继续探讨“生子贪婪”背后的问题。

在生太多孩子的例子中，比较不幸的是安德烈·耶茨的故事，稍后我会在本书中进行更详细的讨论。安德烈·耶茨一方面认为她必须爱和关心家里的每一位成员，但另一方面，她和她丈夫的宗教信仰又不允许他们避孕。他们在七年的时间里生了五个小孩，最终导致安德烈精神崩溃，将孩子全部杀害了。

最近的一篇报道引起了我的好奇心，讲的是一个年轻的妈妈生了八胞胎的故事。娜德雅·苏尔曼是个 33 岁的单身母亲，在她生下八胞胎的时候已经有了六个孩子。她植入了六个胚胎，其中两个发育成了双胞胎，最后一共生下了八个孩子。娜德雅凭此吸引了大量的媒体关注，也招来了公众的批评声。她为什么要生这么多孩子？她是怎么做到的？在 2009 年 2 月 9 日的《今日秀》（*Today Show*）节目中，安·柯莉（Ann Curry）采访了她，“我想要的只有孩子。我想成为一个母亲，这是我一直都想要的”。娜德雅这样告诉安·柯莉。她说自己每天会把每个早产的宝宝（还在医院）抱 45 分钟：“我无条件地爱着他们，我喜欢抱他们，愿意为他们放弃我的生命。”当主持人问到她将如何养孩子时，她说自己和母亲住在一起，并且会回到学校念书，想成为一名顾问，靠这个来养活孩子们。她看起来很平静，波澜不惊，但她的声音却显得很幼稚和天真，就好像在说她刚得到了一屋子的玩具娃娃，但她却一点儿也不嫌多，她会用整个生命来爱它们。

节目邀请了精神病治疗师盖尔·萨尔茨（Gail Saltz）来做嘉宾，她问娜德雅为什么要生这么多孩子，娜德雅回答说：“这是我人生的使命。”她觉得这可以弥补自己在孩童时期缺失的一些东西。对此，盖尔·萨尔茨揶揄说，如果你在儿童时期缺失了某些东西，你应该去找心理咨询师治疗，而不是生 14 个孩子。在这点上，我比较赞同盖尔·萨尔茨的说法。娜德雅·苏尔曼丝毫不考虑现实，没有想过她的人生会变成什么样子，但她的孩子们会为此承担代价。在他们长大后，也许会在潜意识里知道他们生活贫困，但还会强烈地意识到一种压力：他们要去感恩和爱这个为他们付出了这么多的母亲。

在媒体报道了这个故事后不久，有一天，我正在超市排队，看着八卦小报《国家询问者》(*National Enquirer*) 和其他满是报道八卦和俗艳故事的刊物。我看到了一篇关于娜德雅・苏尔曼的报道，说她把孩子们关在屋里，任由他们哭闹。这个报道明显是捏造的，因为那个时候她的孩子还在医院，但我觉得这个小报的报道虽然不真实，它们的理解方向却是对的，报道针对的是隐藏在极端行为背后潜意识里的恨和愤怒。也许时间会告诉我们更多的信息，但我猜测娜德雅・苏尔曼存在潜在的抑郁症，甚至可能还会得精神病。

公众大多对娜德雅・苏尔曼的做法持否定的态度，这点让我尤其感兴趣。公众否定的不是她生了这么多孩子——世界上还有其他生了八胞胎的例子，而是不赞成娜德雅・苏尔曼在已经有了六个孩子的前提下还生了八胞胎。大家对此很生气，有人说要把孩子带走，有人说应该制定法律禁止滥生滥育。虽然这些不太可能成为现实，但反映了他们很清楚为人父母的艰难和压力，为人母则有过之而无不及。

“足够好”的母亲们很清楚既不能降低孩子们的需求，也无法降低自己的压力。她们害怕娜德雅・苏尔曼的做法，不是因为她们也想生这么多孩子，而是因为她们知道这是不可能的，她们感到有点儿不知所措。娜德雅・苏尔曼到底是怎么想的？她有没有一点儿现实感知？大众对娜德雅・苏尔曼感到愤怒，认为社会公共基金原本就在日益减少，娜德雅・苏尔曼的做法会导致社会公共基金枯竭。即使娜德雅・苏尔曼足够富有，能靠自己的财力养育子女，大众们还是不相信她一个人能够养育这么多的孩子，他们知道养育子女意味着什么，毕竟人类的极限在那里。娜德雅・苏尔曼不会成为一个对孩子充满爱与奉献的麦当娜，反而很可能变成一个：

住在鞋子里面的老婆婆，
她有许多的孩子，她不知道该怎么做。
她只给孩子们喝一点儿肉汤，连块面包都没有，
她用鞭子抽打孩子们，让他们睡觉去。

在一个大家庭里，哥哥姐姐通常帮忙照顾弟弟妹妹，这样可以避免一些问题。但当八个孩子都是同样的性别，而另外六个孩子也很小而且关系还很亲密时，他们如何帮忙照顾小孩呢？看着娜德雅·苏尔曼的孩子的处境，我想起了辛迪，她曾是我的一个病人，因为对另一个女人产生了好感而感到焦虑和内疚，因此曾来我这里接受过短暂的治疗。辛迪的父母是虔诚的天主教徒，家里有 14 个孩子，她排行 13，母亲几乎每隔两年就会生一个孩子，一直到更年期才停下来。辛迪说家庭成员的性格各不相同：有些人很开心，调节能力比较好；另一些人则容易烦恼，不喜欢跟人打交道。她和兄弟姐妹们都知道家里孩子太多了，而且已经产生了负面影响——他们每个人都不想生活在大家庭里。在我的印象中，辛迪之所以会被其他女人所吸引，不仅是因为她得不到妈妈的关爱，还因为她没有一个关系很好、很疼爱她的姐姐。

遗憾的是，辛迪后来搬到其他地方去了，她的治疗只好终止，我因此无法继续分析她的病情。不过我清楚地记得，对于我能够倾听她、在她身边，辛迪表现得非常开心和兴奋。我对辛迪的倾听跟对其他病人并无二致，但是对于辛迪来说，我的倾听充满了意义，同时也让她感到有点儿害怕，害怕我会很快将注意力转到其他病人身上。

我对治疗过程中发生的一件事记忆犹新。我的办公室所处大楼的火警警报器响了，我和辛迪得赶紧离开办公室，等消防部门来确定火情。我不想只是紧张地干等消防队来，什么也不干，于是建议出去散步，她可以边走边说。辛

迪非常感动，因为我没有打发她走，让她下次再来，而是换种方式让她接受治疗。

除了辛迪之外，我还有另外两个朋友，他们家里的孩子都很多，一个家里有六个孩子，另一个家里有七个孩子，他们都是家里最小的孩子。两个人都说，自己出生的时候，妈妈的年纪已经很大了，身体已经吃不消，于是他们很小的时候就是由大姐来带，以至于他们都觉得大姐才是他们的妈妈。成年以后，这两人都不缺乏安全感和爱心，说明除了依恋父母，孩子还可以依恋其他家庭成员，哥哥姐姐们的关爱和可靠性是关键。在娜德雅・苏尔曼那样的大家庭里，孩子们之间每天可能只有争吵和愤怒。

我在本章中写了几个不一样的“超好母亲”，她们的共同点在于，她们的身上都隐藏着矛盾的母性。每个母亲都在育儿方面存在矛盾的心理，有的是内化的，有的是外化的；有的隐蔽，有的明显；有的则是综合性的，区别在于她们对自身矛盾母性的态度是拒绝还是承认的。治疗师的第一个任务就是要把这些情绪暴露出来，这么做可能工程浩大，不太容易，但其暴露出来后能够缓解母亲们的痛苦，对她们和整个家庭都有着积极的影响。

第 4 章

“开始之前”：女性害怕生出怪兽

我对矛盾母性心理的研究兴趣始于一次治疗经历，有个患者害怕自己生的孩子会是“怪兽”。想到其他有类似担忧的女性，我发现母性攻击频繁地出现在难以应付和不知满足的孩子身上，我们通常把这类孩子叫作怪兽。为什么“怪兽”这个词一而再再而三地反复出现？我认为，这是因为孩子们的需要和需求使父母筋疲力尽，让他们备感焦虑。在父母感觉焦虑的时候，孩子们极端的需求和情绪让怪兽的形象频频诞生。

怪兽的形象之所以让我们担忧，原因在于它会使我们产生两种关键的心理特点。一方面，怪兽像是潘多拉盒子，里面储藏着我们不想要的攻击、性欲、情绪和行为，代表了我们自身邪恶和破坏性的一面。另一方面，怪兽的形象又仿佛是讽刺画，比实际生活更加夸张，正因为它比现实还夸张，所以我们才会否认它与我们身上的冲动和感觉是有关联的。虽然我们常常担心怪异的心理特征和差异，但其实我们害怕怪兽是怕它们过多的情绪：它们无法控制自身的行为，就像着了魔一样，对人类毫无怜悯之心，与人类也没有任何关联。雷德利·斯科特（Ridley Scott）导演的电影《异形》（*Alien*）就是一个极端的例子。影片中，外星异形残暴地把活人当作宿主进行繁殖，繁殖后随即将他们抛弃，在小异形出生的过程中，人类宿主会死去，但这些小异形和人类并没有什么关系，这让我想到了昆虫和机器。然而，不论是真实存在的还是想象出来的怪兽，大部分的怪兽都会寻找和特定人之间的情感联系，它们是这些人身上邪恶特质的储藏室。怪兽会寻求跟母亲之间的联系，不论是真正的母亲还是象征意义上的母亲。弗兰肯斯坦博士创造出来的怪物一直都追随它的父亲 / 母亲，直到地球末日都想跟他们待在一起。德古拉伯爵对他亲手创造的吸血鬼有着很深的依赖感，后者也深深地依赖着德古拉伯爵。

人类经常忧心自己内心的邪恶，当我们为人父母，尤其是做了母亲之后，就更加关注这点了。历史学家玛丽–海伦·休伊特（Marie-Helene Huet）在 1993 年出版了《怪兽的想象》（*Monstrous Imagination*）一书，书中记载了 19 世纪初关于恶魔后代（天生缺陷）起源的理论，其中持续时间最长的理论认为其起源应该归咎于“精神错乱的女性幻想”。换句话说，原因出在母亲身上。休伊特指出，“怪兽后代证明了其母亲在怀孕时存在残暴的想法”。随着基因学、胚胎学和生殖生理学的发展，认为“生出畸形后代的原因在于母亲”的说法已经渐渐销声匿迹，但是，认为母性具有强大的力量，能够决定孩子的好坏，进而害怕母性的力量，这种心理在当下的社会中比以往更甚。当今社会给了孩子很多的特权和优待，而对母亲却有着过多的期待和要求。

人们对怀孕、分娩和育儿有很多的幻想，最常见的幻想是担心自己会生出怪兽。通常，有这种想法是出于对孩子可能有物理出生缺陷的担心，而担心自己会生出一个有着邪恶心理的孩子的恐惧可能更让人害怕。有后一种想法的人会害怕自己生出一个自己不喜欢的孩子，或者因为无法爱自己的孩子而让孩子变得邪恶。

女性在整个生殖阶段都会担心孩子是怪兽：担心自己内心邪恶，从而无法怀孕；害怕胎儿是寄生虫，担心怀孕会让自己生病和畸形，胎儿会把自己榨干；担心自己会在分娩的过程中受伤或者死去；担心孩子出生后，自己无法做一个正常的妈妈。有时候，女性会感觉自己无法爱孩子，原因是孩子跟自己怀孕时想象的不一样，可能是孩子的性别、长相或者个性不是自己想象的样子。请各位读者试想一下，如果你已经生过孩子或者正准备生孩子，这些担忧听起来是不是很熟悉？

当我给患者阿曼达治疗的时候，我对这种担心会生出“怪兽”的想法产生了兴趣。阿曼达那时在纠结是否要生孩子，她害怕自己在怀孕和分娩时受到伤害，担心孩子会是某种“怪物”（她的原话）。她最担心的是自己无法照顾好孩子，尤其是无法安抚或满足孩子。自从我给阿曼达治疗以来，我听到过很多女性患者表达了类似的担心，不论她们是否有孩子。我很好奇为什么女性普遍有着类似的幻想和恐惧，这说明了什么？正在我对此感到好奇之际，我想到了玛丽·雪莱的小说《科学怪人：弗兰肯斯坦》，这部小说是这类主题的标志性代表作品，其持久的文学魅力证明了其中描写的心理问题是普遍存在的。由此我想到了玛丽·雪莱本人，我曾听说还是玛丽·雪莱对分娩的恐惧而“诞生”了这部小说，其中对怪兽的设想是西方文学中最为著名的。

关于女性对怀孕、分娩和育儿的担心和其代表的意义，这部小说中有不少的心理分析和描写，但并没有结合临床资料来说明女性具体担心什么。不论是对患者而言还是对治疗师来说，这都是一个让人感觉沉重的话题。因此，我打算通过对玛丽·雪莱和她的文学“成果”《科学怪人：弗兰肯斯坦》，以及我的病人阿曼达的分析，来探究这个反复出现的主题，即是什么心理导致女性产生了这样的恐惧心理。毫无意外地，在研究分析的过程中，我还想到了许多其他的病人，我将会在第5章中分析她们的故事。

我对女性害怕生出怪兽的心理的假设

女性担心自己会生出怪兽孩子体现了四种心理问题，这些在阿曼达和玛丽·雪莱以及《科学怪人：弗兰肯斯坦》的故事中均有体现。首先，也是最重要的一点，把孩子想象成怪兽反映了母亲自己内心的邪恶，担心母性中的攻击性会以某种形式遗传或转移到孩子身上，这里涉及的心理机制是投射。心理投射是治疗师常用的技术术语，指的是将自身的想法或行为投射于外物的一种心理作用，通过他人看到自己的心理问题：“我不讨人喜欢，因此我的孩子也会是个让人讨厌的怪物，甚至还会是杀死我的刽子手。我没法去爱他，他也没法爱我，他会越来越邪恶。”这种心理有多种表现形式，在这些各异的表现形式中，孩子代表了母亲或者至亲的家庭成员身上的邪恶和破坏性，这些母亲通常没有完全地独立，或者在心理上病态地认同自己的父母。

其次，把不好管教的孩子看作怪兽。在母亲的潜意识中，孩子是俄狄浦斯情结或乱伦幻想的产物，因而必须否认和拒绝，其不可避免是邪恶的。当我提到俄狄浦斯情结或乱伦幻想的时候，我的重点就在这里。在孩子三岁之前，孩子和父母的关系是二元的、一对一的，他们主要和母亲在一起，或者跟母亲角色的替代者在一起。在这个时期，孩子身体上的满足主要来自母亲的喂养、温暖、安慰，并且他们会学着控制身体来完成一些动作，比如坐、爬、走、跑、上厕所等。

在“前俄狄浦斯”时期，父亲的角色很重要，在孩子快到三岁的时候，父亲在孩子心中的地位处于中心位置。在这个年龄段的孩子的幻想中，他们开始意识到身体的力量，开始有童贞的意识，尤其是意识到性器官的存在，会表现出对异性父母的偏爱和吸引，比如女生会想做爸爸的乖女儿，男生想做妈妈的大男孩。在这个阶段，他们会对同性的父母表现出感情冲突，既爱他 / 她又恨他 / 她。女孩开始喜欢带花色褶边的衣服，对化妆、珠宝等有着明显女性特质的东西产生兴趣；男孩则会像爸爸一样，喜欢大型机车，想要展示发达的肌肉力量和控制力。这个阶段的孩子们，不论性别，都会因为一些问题而焦虑，包括想知道他们从哪里来，这些是他们思考和感兴趣的主题所在。在成长的过程中，女孩可能会幻想自己怀了父亲的孩子，男孩则会幻想自己和母亲有了孩子，这些幻想大多数存在于潜意识，是俄狄浦斯时期的一个特征。由于这些幻想是一种乱伦的禁忌，是被禁止的，因此孩子也被看作“怪兽”和杂种，是不正当的结合的产物。

再次，这种心理说明女性对自己的女性身份和女性身体可能感到羞耻和焦虑，她们排斥自己的身体内在以及女性身体可能带来的结果。一个成熟的女性如何看待自己的身体和生殖能力体现的是文化、社会经济等方面的因素，这些因素与心理更为相关。她是否认为父母接受和喜爱自己的身体？她是否很爱自己的母亲并且想要成为她？还是讨厌母亲并且避免跟她一样？她是否认为父母很爱自己的女性身份，还是认为他们其实更喜欢男孩？她是否曾经受到过伤害？比如受到过度刺激、性骚扰和暴力等。她生活的环境和文化范围是否重视女性？是否尊重女性的生殖能力和她生出的孩子？是否贬低女性或者重男轻女？我认为，不论在自觉性文化中女性及其生殖能力得到多大程度的重视，人们在潜意识中既深深地需要女性和母亲，又深深地害怕她们。但这并不意味着女性会得到很好的待遇，有时候，她们反而因此受到虐待。不论虐待是出于防御自卫还是其他什么原因，都不会使女性产生积极的自我评价，反而使她们感觉害怕、羞耻、消极和自我厌恶。这些都会扭曲她们对怀孕生子的感受。

最后，尤其关键的是女性同自己母亲的关系。这种关系对理解母性焦虑是非常重要的，其关键在于两个方面：一是女性对自己母亲的认同感，二是她在早期亲子关系中受到的干扰和破坏。所有的孩子都会跟自己的父母产生认同感，包括有意识产生的和潜意识产生的。孩子们的三观会受到父母的影响，甚至走路方式、说话方式和表达自我的方式都会模仿父母，这些都是有意识地对父母产生的认同感。在不知不觉中，父母的焦虑、情绪和矛盾心理会传递给孩子，这是孩子潜意识里对父母产生的认同感，这就能够解释为什么许多女性在做母亲时会效仿自己的母亲。哪怕她们并不喜欢自己的母亲，但还是会效仿母亲，因为这是潜意识里对母亲的认同，可她们却意识不到自己在做什么。南茜・乔多罗在《母性的再造》一书中非常简明、清晰地解释了人对自己母亲的母性所产生的认同感：“即使女儿长大成人做了母亲，她依然需要自己的母亲。”

在早期亲子关系中受到的干扰和破坏有着非常关键的作用，但通常因为当事人想不起早期的经历，所以即使是在治疗中也很难再次重现。然而，这些干扰和破坏的经历会在治疗师和患者之间以一种微妙的方式展现，从而让患者重温这些经历。母亲同孩子的分离、母亲患有抑郁或者其他心理问题、母亲无法胜任母亲的角色、母亲或者婴儿的身体患病，这些因素都会导致孩子吃不饱或者没有安全感，这些基本需求无法得到满足，难以在孩子的内心树立好母亲的形象，也难以培养孩子爱的能力，并因此会影响亲子关系中的安全感或者加深其不安全感。这些干扰可能还会使孩子认为自己是怪兽，因为他们认为在母亲照料自己的过程中给母亲带来了麻烦。由于这些干扰和影响发生在早期的亲子关系中，因此很容易被遗忘，但它们还是会留下印迹。一个以自我为中心的孩子会觉得整个世界都是围绕自己转，但同时也想保护母亲，因此很可能会责怪自己。这种现象非常常见，我将在后文中继续讨论。

玛丽・雪莱

按照上面谈及的原因，玛丽・雪莱的故事就是一个很好的例子，她亲身体验过怪兽的心理。我想从她和她的“丑陋之子”——弗兰肯斯坦博士的怪物谈起。我之所以能把这些放在一起谈，是因为在《科学怪人：弗兰肯斯坦》以及玛丽・雪莱的书信和日记中，都有证据说明玛丽・雪莱的内心深处对创作该小说的担忧。她是弗兰肯斯坦博士创造出来的怪物，而这个怪物也是她内心深处的恶魔。

玛丽·雪莱是威廉·葛德文（William Godwin）和玛丽·沃尔斯通克拉福特（Mary Wollstonecraft）的独生女，威廉·葛德文和玛丽·沃尔斯通克拉福特均是18世纪末期文坛上的著名人物，思想上属于激进派和自由主义。二人都不相信婚姻这种社会制度，但在玛丽·沃尔斯通克拉福特怀孕后，因不想让孩子担上私生子的恶名，二人便结了婚。女儿玛丽·雪莱出生后的第11天，玛丽·沃尔斯通克拉福特就因产后热过世了。《科学怪人：弗兰肯斯坦》在字面上和寓意上均对这次死亡事件有所体现。那时，值班的接生员无法将胎盘取出来，于是他们请来了一位医生，医生用手一点点地移动胎盘。那个时代败血症盛行，玛丽·沃尔斯通克拉福特染上了败血症，并在分娩11天后去世。在《科学怪人：弗兰肯斯坦》中，弗兰肯斯坦博士也"在潮湿、污秽的墓穴中进进出出"，频繁进出停尸房和屠杀场，并且"用不洁的手指去探寻人体骨骼结构的惊人秘密"。作者在这里对那位笨手笨脚的医生进行了疯狂的复仇。

在出生后的第11天，玛丽·雪莱就没有了母亲，她潜意识里可能会被两种幻想压抑着，一般而言，出生时母亲就去世的孩子都会受到这两种想象困扰：一是认为自己是杀死母亲的刽子手；二是认为自己身上存在某些可怕的特征，母亲因此抛弃了她。第二种想法的对立面认为，是母亲的抛弃让孩子变得像怪物。通过临床观察那些在小时候就失去了母亲的孩子，我们发现这些孩子的幻想都带有愧疚、压抑、愤怒和希望复仇的心理，而这些正是《科学怪人：弗兰肯斯坦》中表达的主要情感。

玛丽·雪莱小时候很聪明，想象力丰富，跟她的父母很像。父亲阅读的时候，玛丽·雪莱会在书房陪着他，一直到青春期。继母嫉妒她"对父亲过多的依赖和烂漫的情感”，她写道。于是，她被送到了苏格兰，12 岁到 14 岁的时候跟家里的朋友生活在一起。虽然和父亲只是暂时分开，但却给玛丽·雪莱带来了毁灭性的影响。17 岁的时候，玛丽·雪莱和已婚男人珀西·雪莱（Percy Shelley）私奔了，这导致她遭到父亲彻底的拒绝。虽然威廉·葛德文自己不相信婚姻，但却无法接受女儿跟他一样不相信婚姻，他不跟女儿说话，不给她写信，也不承认她生下的孩子。

对于玛丽·雪莱的心理问题，我的假设是母亲的缺失使她离经叛道，变得不再可爱；父亲的拒绝跟她自身无法接受的性欲和乱伦冲动有关，这些邪恶的和乱伦的想法是她内心的“怪兽”。

1815 年 2 月 22 日，玛丽·雪莱的第一个孩子出生了，是个早产的女婴，她在出生 13 天后便不幸夭折。玛丽·雪莱想到母亲在自己出生 11 天后就去世了，她感觉这是残酷命运的重复。孩子的夭折让她痛苦万分，失魂落魄，异常孤独。玛丽觉得，父亲不承认她的孩子还情有可原，但是珀西·雪莱竟然因为孩子是女婴也不爱这个孩子。在日记中，玛丽说自己多次梦到孩子死而复生：“我梦到我的小宝宝又活过来了，她只是有点儿冷，我们在火前抚热她，她活过来了。”在小说中，弗兰肯斯坦博士同样希望让死人复活。

在 1831 年版的《科学怪人：弗兰肯斯坦》的序言中，也是玛丽·雪莱完成小说构想的 15 年后，她尝试回答了一个经常被问到的问题：“当时还是一个少女的我，怎么会想到一个这么可怕的点子，并且还能将其详细、完整地写出来呢？”

由于父母都是杰出的文学名人，我在很小的时候就有了写作的想法，这点并不奇怪。童年时我喜欢写写画画，在我可以自由创作的时间内，我最喜欢的娱乐就是“写故事”。但是我还有更喜欢的事：做白日梦，清醒地做着梦，这给我的乐趣一度超过了写作，我的梦都是有关自己的，我没有把自己想象成故事里的女主角，我没有被自己的身份所束缚，我可以连续几个小时去想象和创作比那个时候感受到的生活更有趣的故事。

在解释自己的创作时，玛丽·雪莱希望能从现实生活中为自己潜意识的动机行为找到原因，她拒绝承认小说中的怪物带有个人特征（“这不是一部关于我的小说”），但在字里行间揭示了她创造该小说深层次的动机。

在分析文字之前，我想对玛丽·雪莱经受的心理挣扎以及这些挣扎在小说中的体现进行假设和分析。对于玛丽·雪莱来说，失去母亲是最大的创伤，也是她最早产生心理问题的原因：母亲离开我是否因为我是个怪物？是我杀了她吗？是否有些后代是如此可怕，可怕到连创造它们的人都嫌弃它们？如果没有了母亲，这些怪物自己会怎么样呢？什么样的母亲会抛弃自己的孩子？她们自己是恶魔吗？书中相关的主题是希望死人复活，比如玛丽·雪莱去世的母亲，她夭折的婴孩，以及去世的亲人和朋友。小说借着这个充满张力的主题，表达了玛丽·雪莱对母性攻击的焦虑。

然而《科学怪人：弗兰肯斯坦》一书写的是一个父亲创造了一个怪物。女权主义批评家安妮·梅勒（Anne Mellor）认为“《科学怪人：弗兰肯斯坦》这本书写的是一个男人试图在没有女人的情况下生出孩子”，即在母性缺失的情况下发生的故事。书中的这个父亲被自己亲手创造出来的东西吓坏了，他不能给它生命，无法养育它，还试图毁掉它。他对自己创造出来的东西既没有感情，也不愿意去了解它的需要，只是把它当作一个罪恶难言的秘密。另一位女权主义批评家凯瑟琳·希尔·米勒（Katherine Hill-Miller）认为，该书其实真正表达的是一个父亲和女儿乱伦的故事，并且通过对小说细致地阅读分析，她用例子令人信服地说明了书中的难言之隐。

我赞同这种说书中表达了乱伦主题的观点。书中明显体现出乱伦的地方是维克多·弗兰肯斯坦博士对母亲的热情，但实际隐含的是玛丽·雪莱对父亲的乱伦冲动以及她的孩子所代表的意义。在潜意识中，她把珀西·雪莱和父母联系在一起，尤其明显的是把他和父亲联系起来。在许多批评家看来，维克多·弗兰肯斯坦博士这个角色是珀西·雪莱和威廉·葛德文的混合体。我认为，弗兰肯斯坦博士的形象是个缩影，代表了玛丽·雪莱人生中所有重要的人，包括她自己。弗兰肯斯坦博士为了追求自己的雄心抱负和知识理想，可以狠心地抛弃和伤害那些爱他和依赖他的人，这一点很像珀西·雪莱和威廉·葛德文。同时，他在孩子出生时就抛弃了孩子，这点又像玛丽·雪莱的母亲。而且，弗兰肯斯坦博士还跟玛丽·雪莱很像——他们的孩子都没能活下来，可能是因为他们的孩子都是怪物，都是乱伦欲望的产物。

《科学怪人：弗兰肯斯坦》

在这里，我想简短地讨论下《科学怪人：弗兰肯斯坦》这部小说。在小说中，玛丽·雪莱以弗兰肯斯坦博士创造的怪物为表象，表达了自己内心深处的焦虑。女权主义和心理分析派的文学评论家们认为，小说关注的中心是女性性欲和生殖，丰富了我们对这本小说的理解。虽然我很赞同这些说法，也认同该小说表达了女性的性焦虑和乱伦焦虑，但我认为作者希望通过文字传达的最主要的“创伤”是母性的缺失，这才是小说反复在背景描写中出现的主要色调，营造出一种可怕的阴冷氛围。

在《科学怪人：弗兰肯斯坦》中，故事开始和结束的地方都是在北极圈一处冰冻的垃圾堆里，如同死去的母亲苍白冰冷的乳房。玛丽·雪莱在她的日记中写道，小时候听过柯尔律治（Coleridge）念他的诗作《古舟子咏》（*The Rime of the Ancient Mariner*）给她留下了深刻的印象，她终其一生都觉得自己像这个水手，“曾独自彷徨在辽阔的大海”。弗兰肯斯坦博士在一个寒冷阴郁的晚上使自己创造的怪物有了生命力，后来，他在阿尔卑斯山勃朗峰遇到了这个怪物，怪物告诉弗兰肯斯坦博士自己的遭遇，并恳求博士为他创造一个伴侣。小说中的“大地之母”是冰封的没有生命的冰川山脉。

在小说中，弗兰肯斯坦博士是家里最大的孩子，他的父母既慈爱又开明，家里还有两个弟弟和一个表妹，表妹伊丽莎白是个孤儿。对弗兰肯斯坦来说，伊丽莎白就像是自己的妹妹，也是将要与自己结婚的人。在他离开家去德国的英戈尔施塔特镇学习医学后不久，他的母亲被伊丽莎白传染了猩红热去世了。于是，从小就失去母亲的伊丽莎白又“杀”了她的养母，最后在自己的婚礼上被弗兰肯斯坦博士的怪物杀掉了。伊丽莎白象征的是玛丽·雪莱对自身的怪物特性的焦虑，玛丽·雪莱把自己看作一个弑母者、一个有着乱伦欲望的人。

弗兰肯斯坦博士为母亲的去世心烦意乱，他希望“发现能够使人类免除疾病的办法，并且使人类除了死亡之外，能够对任何伤害刀枪不入”。他疯狂地进行研究，希望发现人类生命传递的秘诀。当他能够做到这些的时候，他想到：“如果我能够将生命力注入没有生命的物质，那么，今后我也许还可以让已经开始腐烂的身体重新恢复生命。”弗兰肯斯坦想要让死去的人恢复生命，于是利用死人的器官拼凑出一个巨大的怪物，并给了它生命，最后却不得不在恐惧和厌恶中逃离而去。

弗兰肯斯坦博士创造怪物的过程读起来像是一次怪异离奇的怀孕和分娩。他说：“在我分娩的过程中，冬天、春天和夏天相继过去了。”随着分娩的日子越来越近，他变得越来越焦躁、狂热和痴狂：“在极度的焦急不安中，我拿起身边各种激活生命所需要的仪器，准备给躺在我脚下的躯体注入生命。突然，就在火苗临近熄灭的微光里，我看到那具躯体睁开了浑浊昏黄的眼珠，呼吸急促，四肢痉挛地抽搐起来。”

但是，面对“成功的”分娩，弗兰肯斯坦博士并没有感觉到放松和快乐。相反地，他被自己创造出来的怪物吓到了。

> 就为了让无生命的躯体恢复生命力这个唯一的目标，我辛勤地耕耘了近两年。我热切地盼望圆这个梦，简直都盼过了头。可谁知，现在我终于大功告成了，可美梦也破灭了，心中只有令人窒息的恐惧和恶心。我实在无法忍受那个我创造出来的生命，于是我冲出了工作室。

弗兰肯斯坦博士对自己创造出来的这个怪物感到恐惧和恶心，但那个晚上的梦境揭示了恐惧背后更深层次的原因。

> 我梦见青春健康的伊丽莎白正在英格尔斯塔德街头漫步。我又惊又喜，把她紧紧抱在怀里，并想要亲吻她。可是当我的嘴一碰到她，她的嘴唇马上就变成死人般的颜色，她的其他五官也发生了变化。最后，我觉得自己抱的好像是故去母亲的遗体，她被裹尸布包着，而尸虫在法兰绒的褶缝里缓缓蠕动。

这个梦反映了弗兰肯斯坦博士内心深处隐藏的愿望：让死去的母亲复活并且拥抱她。他的孩子是乱伦的产物，是个令人生厌的丑陋生物。如前文指出的那样，小说中乱伦的主题包含了两种情况，它们互为补充，互相印证：小说里是儿子对母亲的渴望，现实中是女儿对父亲的渴望。小说里丑陋的怪物象征的是玛丽·雪莱潜意识中的渴望和恐惧，而不是小说男主人公的渴望和恐惧。对于弗兰肯斯坦博士来说，对“孩子”的恐惧多于对乱伦的焦虑。他无法通过感知自己的需要真的创造出一个活生生的孩子出来，因为在他（代表玛丽·雪莱）早期的生命里亲子关系不够稳固，无法进行内化。他无法通过潜意识里重温的经历而学会如何做一个母亲，因此他无法成为唐纳德·温尼科特笔下所写的“普通奉献型母亲”，无法感知和满足孩子的需要，因此也就不能将孩子养大成人。

小说中对乱伦主题的另一种体现是玛丽·雪莱潜意识的心理问题。小说中，怪物还不能算是孩子，因为博士给予它真正的生命，他的怪物特性还存在另一个问题：他一开始就是个怪物，还是由于博士的遗弃使他变成了怪物？玛丽·雪莱想用力证明的似乎是后者，以此来解除是自己杀死了母亲的心理魔咒。小说在第二阶段写的是这个怪物努力想要找到一个充满爱的家庭，但弗兰肯斯坦博士既不想照顾它，又不愿为它创造一个伴侣，当它面对自己最终被抛弃的命运时，它选择用攻击性的行为来进行报复。然而有趣的是，当弗兰肯斯坦博士死了，怪物感受到的不是复仇的快感，而是绝望的悲痛，它将自己作为祭祀品，葬身于火葬柴堆。当“母亲”离它而去，所有构成希望的联系都一并消失，哪怕是让人痛苦和毁灭的联系也都不复存在，因此生命也就没有继续下去的理由。

阿曼达的故事：临床案例

困扰玛丽·雪莱的焦虑在我接触过的好几个患者的幻想和联想中都出现过，但阿曼达的故事看起来似乎相关性最高。

阿曼达，35 岁，已婚，是一名建筑设计师。她每周接受四次心理分析治疗，原因是担心自己在亲子方面有攻击性和乱伦的冲动，希望处理好生活中各方面的压力，并且决定是否生孩子。

阿曼达的父亲是一名科学家，阿曼达既害怕又欣赏父亲和哥哥，希望能跟他们一样；至于母亲，阿曼达爱她，但感觉无法和她亲近。阿曼达之所以和母亲的关系疏远，是有原因的。阿曼达在出生后的第一年，因先天性髋关节发育不良，戴了半年的矫正支架。这半年里，为了使髋关节正常发育，她只能躺在婴儿床上，两腿向外偏转。在这个时期，母亲的手得了严重的关节炎，不能抱阿曼达，也没法给她换尿布。因此，这个阶段的阿曼达没有得到母亲正常的怀抱和安抚，母婴之间的亲密关系遭到了干扰。但母亲的关心和出现起到了一部分的弥补作用，她也许无法将阿曼达抱起来，却能用声音来安抚阿曼达。阿曼达很爱母亲，但还是感觉缺失了某些东西。在阿曼达眼中，母亲是个被动消极的人，在家里的地位比较低。她还感觉父母都更喜欢哥哥，因此阿曼达看不起女人。阿曼达不是同性恋，但会拒绝很多女性化的特征。“并不是说我想做个男孩，我只是不想做女孩。”阿曼达告诉我。在她的眼里，女孩是残缺的。

对阿曼达来说，女性生殖的所有阶段都难以让她接受。在她眼里，初潮是不受欢迎的，因此她没有跟任何人说过，并且尽力隐藏。对怀孕这种明显体现女性特征的事，她感到奇怪和难堪，她希望怀孕能够“像切除阑尾那样一下子就结束。你拿出某个东西，然后就完事了，谁也不必知道。但是怀孕生下的孩子却要跟随你一辈子”。她把生孩子看作一场充满痛苦、孤独无助又看不到尽头的过程。她担心孩子可能会卡在肚子里面，医生就必须把她的肚子切开拿出孩子。在说这些的时候，阿曼达指的不是剖腹产，而是她好像没有阴道可供孩子出世。“我只要想象自己肚子里有一个痛苦的孩子，就感觉无法忍受。他们需要把我的肚子从中间切开，像剖一条鱼一样，然后再把孩子拿出来。”

阿曼达所有的担心都反映出一种恐惧和幽闭的心理。她患有夜间恐慌症，并有严重的胃肠疾病。阿曼达以为这些症状是由于职场或者家庭的压力引起的，但实际上，这些却说明了其他问题，问题之一就是分娩。阿曼达回忆电影《乱世佳人》(*Gone with the Wind*) 中分娩的场景时带着惊恐和狂乱的神情："当我想到这些画面时，我就感到恶心，这是我焦虑时肠胃的反应。"我和阿曼达都意识到她恐慌症发作和她一岁时的经历有关，那时她躺在婴儿床上不能动，感觉非常无助，急需有人来安抚她。

阿曼达还暴露出了自己对胎儿的恐惧心理。她把胎儿和婴儿称作"生物"，他们就像是电影《异形》和《毁灭珠》(*Eraserbead*) 里面出来的东西。"它是可怕的怪物，像某种恶毒的动物，不是说它有牙齿和爪子，而是它让人有这样的感觉。"在影片《异形》中，小异形将母体的身体撕开，从里面出来。在《毁灭珠》里，有种不明身份的生物出生了，影片中的妈妈说："我们甚至不确定它是不是个孩子。"

然而，阿曼达担心万一孩子哪天出生了，她没有能力养育孩子。养育孩子的过程漫长、吃力、难以应付，而且她还得一个人抚养。她在成长的过程中（尤其是婴儿期）没有得到足够的安抚，因此难以内化出母亲的形象（阿曼达只害怕婴儿，而不害怕大一点儿的孩子）。无论是对于分娩的幻想，还是恐慌症发作时的心理，她都感觉没有人会帮助她。

对于阿曼达来说，婴儿不仅是难以管教和具有攻击性的怪兽，还是乱伦的产物。小时候和母亲的疏远加重了她的恋父情结，她曾期待着能够取悦父亲，哪怕在她眼里这意味着要表现完美，既不寻求帮助，也不能表现出依赖感。虽然阿曼达一边抱怨父亲的要求和标准太过严厉，但同时又深深地认同他。她失落地承认："我不想和他一样，但又感觉那样是错的。"阿曼达嫁给了一个很像父亲的人。在分析的过程中，她承认丈夫对她的限制和严格，无法跟她产生共鸣，并承认这些对她来说是一种威胁。她说："这让我很不开心，但又很难解释，世界上没有其他人和他一样。"我认为世界上最像她丈夫的人是她的父亲，但阿曼达几乎没有感觉到两人的相似性。恋父情结一般出现在梦中或者偶然的情况下，比如，为了能跟父亲待在一起，她把自己的背部弄伤了，并且在母亲住院期间照顾父亲。不过，阿曼达一直压抑着这些感情，而且不承认自己有这种心理，她不想让人看出自己心里的恋父情结。

在给阿曼达做心理分析的时候，我有时候像她的父亲一样好批判且缺乏耐心，希望她能明白所有的问题，而忽略潜意识里造成问题的原因，希望她能够自己解决问题，如果她做不到就认为她很软弱。有时候，阿曼达扮演她母亲的角色，引导自己进入女性世界，尽管阿曼达为自己的女性身份感到羞耻，但却一直期望能够进入这个世界。当她感觉我能理解和接受她，尤其是理解她虽然回避但其实渴望依赖时，她对我的介入表示质疑和拒绝，似乎我的建议对她没有用处。随着我们之间的关系越来越熟，我有时候也会像个难以搞定的小孩，试着控制影响她的人生，例如，当她的日程已经排得满满当当时，我依然坚持要求她每周来四次。我也会把自己当作她一样回避需要和亲密，但同时也极度渴望能有一段关系来满足这些需要，让她接受和修复自己的女性世界。

最终，这些分析对阿曼达产生了效果。尽管她没有生孩子，但她的创造力以及她同母亲等女性的关系都得到了很大的提升。而且，她也不再像曾经那样为了表现而牺牲自己的需要。

阿曼达和玛丽・雪莱

在本章开头的部分，我推定有四种心理因素使女性担心自己可能会生出怪兽，这四种因素各不相同，但却互相交织、影响。在分析玛丽・雪莱的生平及其小说创作的时候，我用了一定的篇幅探讨了乱伦的主题。乱伦的主题在《科学怪人：弗兰肯斯坦》中是至关重要的，在很多准妈妈潜意识对即将出生的孩子的幻想中，这一主题也经常出现，但我感觉跟乱伦焦虑比起来，准妈妈们对自身攻击性的焦虑与担心孩子是怪物的焦虑更为相关。母亲担心自己的攻击性会“遗传”给孩子，体现自己身上有些不讨人喜欢和具有破坏性的部分，这些部分既可能通过基因遗传，也可能是后天产生的心理问题，如果她们选择的是前一种遗传心理，通常就不会出现第二种担忧。不过，一个孩子体现出来的不仅仅是他的母亲的特质，也可能是他的兄弟姐妹、父亲和其他家人的特质。英国精神分析学家琼·拉斐尔–莱夫（Joan Raphael-Leff）写过很多关于孕妇心理方面的文章，曾提到一个案例，案例中的准妈妈希望自己怀上的是男孩，不想要女孩，因为胎儿如果是个女孩就会遗传她的母亲好妒忌和易愤恨的特点，或者遗传到其他女性姐妹身上不讨人喜欢的特质。拉斐尔–莱夫还认为，孕期女性害怕自己有杀子的冲动，因为害怕孩子是寄生在自己体内的刽子手，她们的这些害怕通常在梦里和幻想中出现。我们知道，玛丽·雪莱在很小的时候就失去了母亲，为此她非常焦虑，也很担心她的孩子会杀人。我认为，尽管很多孕期的女性都可能担心自己的孩子是个怪兽，但对于那些跟自己母亲的关系不够亲密或者出了严重问题的孕妇来说，这种焦虑更为常见，其程度也更加严重。对于后者来说，健康和愉快的母性形象是缺失的或者不完整的，对她们产生认同感的是有心理问题或者不够爱她们的母亲。如果早期和母亲的亲密关系受到了干扰或者破坏，那么当她们做母亲时就很难内化出一种健康的母婴关系，女儿的心理问题也会让健康的认同感变得有问题。

阿曼达的问题就出在这里。虽然母亲关心她、爱她，但在其早期的人生中，阿曼达很多时候都在拒绝母亲。她们之间的问题在于早期的母婴亲密关系遭到了干扰，这也是阿曼达真正的出生缺陷，从而导致她在身体和情感关怀方面出了问题。后来阿曼达发现，母亲更偏爱哥哥，因此她并不积极地追求自己在家里应有的地位，这些都使阿曼达很难对母亲产生积极的女性认同感。有趣的是，玛丽·雪莱完全没有体验过母亲对她的母爱，但却愿意生孩子和爱孩子。雪莱的性格里可能有着天生的韧性，而且早期有其他人（包括她的父亲）的关爱很好地替代了母爱，这些原因使雪莱具备了足够的母性。她在小说中体现了自己潜意识里对做母亲深深的恐惧感，小说中的怪物没有母亲。

阿曼达的故事强调了另一个导致女性怀疑自身母性能力的因素——她和玛丽·雪莱的父亲都轻视女性，把她们当作儿子一样来对待。1818 年，玛丽·雪莱 13 个月大的女儿夭折了；一年后，也就是 1819 年，她三岁的儿子也夭折了。不久后，她的父亲威廉·葛德文给她写了一封信，在信里责骂她不该这么悲痛。

> 你必须……允许我以父亲的特权劝诫你不要这么悲伤。在我看来，悲痛只会大幅度地削弱你的个性，把你置于同性之中的平民之列，泯然众人矣。我曾以为，你身上展现出来的特质能够让你跻身于高尚的灵魂，为我们社会做贡献。

高尚的灵魂指的是男人，是没有孩子的人，这种对女性的否定也是玛丽·雪莱小说中的主题。在《科学怪人：弗兰肯斯坦》中，弗兰肯斯坦博士拒绝了怪物对伴侣的要求，因为担心这个伴侣会“繁殖出来一个种族的怪物”。当然，我们也可以把弗兰肯斯坦博士的拒绝理解成妒忌，他曾试图复制生殖能力，但却失败了，也许很多男性其实都对女性存在着妒忌之心。

威廉·葛德文的信给玛丽·雪莱带来了毁灭性的打击，发生在阿曼达身上的故事也大同小异。在对阿曼达进行分析的很长一段时间里，她不认同我的观察，否认自己因为女性的身份而受到轻视和伤害。然后有一天，她告诉我她自己和父母的谈话。前一天晚上，他们在游泳池内发现了一只死去的小动物，小动物的头被砍了，内脏也被掏空了。阿曼达很喜欢动物，认出了它是只负鼠，她的父亲突然说："它很可能是只雌负鼠。在负鼠的社会中，雌负鼠是要被消灭掉的，于是它的头被砍下来了，内脏被掏空，再被扔掉。"阿曼达听到父亲的话时非常震惊。"父亲的话真的很奇怪，但那时我真的听到他是这么说的。有时候，我以为女性是二等公民的说法只是我的想象，但其实不是。所以，我属于哪里呢？"我究竟属于哪里呢？我认为阿曼达和玛丽・雪莱两人在潜意识里都认为自己的女性身体遭到了损害，并且为此感到羞耻。阿曼达知道自己的母亲两次怀孕时都曾经历过妊娠剧吐，妊娠剧吐是一种不太常见但却十分严重的妊娠紊乱，患有此症的孕妇会在整个孕期都感到恶心和想要呕吐。阿曼达自己也有分娩缺陷，也许她不确定自己的内心，不知道在这样的心理状况下还能不能生出正常的孩子。玛丽・雪莱出生没多久，她的母亲就香消玉殒了，女性的身体对她来说意味着什么呢？我认为更重要的是，阿曼达和玛丽・雪莱都是年轻的女性，她们都曾因为女性特征而受到父亲的威胁和厌恶，而却都以为问题出在自己身上，因为自己是女人，所以她们对自己身上能够证明自己是女性的东西无法安然接受。这种"问题"还可能是不正当的欲望和渴望，尤其是她们潜意识里希望能够怀上父亲的孩子。

阿曼达的心理问题使她在现实生活中无法接受怀孕生子，在心理上拒绝女性的生理结构，比如，她曾经表达过对分娩的焦虑，担心孩子没有办法从她身体里出来，仿佛她是一个男人。她感觉通过拒绝自身的女性生理结构，她可以取悦父亲，可以跟哥哥竞争，同时还能屏蔽掉潜意识里的恋父情结和乱伦生子的幻想，因为男人不会生孩子。阿曼达、玛丽・雪莱和她小说中的怪物，都体现了我提出的心理问题，我在本章开头部分提出过四种假设，我将在第 5 章中分析其他有类似问题的患者的案例。

第 5 章

女性的生殖恐惧：更多临床案例

治疗阿曼达的时候，我第一次意识到女性对怀孕、分娩和做母亲的恐惧。我对阿曼达的故事很感兴趣，对玛丽·雪莱产生了好奇，并对她的经典恐怖小说《科学怪人：弗兰肯斯坦》进行了分析，希望从中找到蛛丝马迹。在本章的内容中，我想通过更多的临床案例来说明生殖恐惧在女性中是很常见的，我发现在临床治疗中还有其他患者，她们从不同方面证明了我提出的关于女性生殖恐惧的假设。这些患者并非都担心会生出怪兽孩子，但都有跟家庭关系相关的问题，并且对自己的女性特质感到不自在。她们的故事使我在这个问题上看到了更多。

萨拉和菲利斯在投射心理方面都有着痛苦的经历，她们担心自己的孩子也会这样，担心孩子是怪兽。萨拉害怕她的孩子会恨她，她的恐惧体现了她非常担心自己会不喜欢孩子。菲利斯害怕她的孩子会跟她的母亲一模一样，她对母亲的感情很矛盾。迪尔德丽担心自己的身体无法生出一个健康的孩子，担心自己没有能力做一个爱孩子的好妈妈。在迪尔德丽怀孕的时候，这些恐惧常常出现在她的梦中。丽贝卡的情况则说明，在生育能力和性反应方面，她无法正常地接受自己的女性身体，还为自己的乱伦欲望感到焦虑。桑德拉和西比尔在早期跟母亲的亲密关系都受到了干扰，同样纠结于自己的女性特质和乱伦情感。普莉希拉尽管很想要孩子，但却没生孩子，因为她潜意识里害怕自己生的孩子会跟自己三个恶魔般的兄弟一样让人讨厌。

萨拉和菲利斯的故事：害怕孩子是怪兽

萨拉找我的同事进行心理治疗的时候已经有了六个月的身孕，她怀的是个男孩。萨拉在青春期曾患过抑郁症，有过自残行为，她在怀孕期间不能继续服用抗抑郁的药品，因而担心自己可能会得产后抑郁症或者产后精神病。萨拉在小时候比较叛逆、寻衅，连她的父母都管不住她。

萨拉的洗手强迫症最近复发了，她很担心即将出生的儿子会跟她一样。她描述过自己曾和肚里的宝宝玩过一种“游戏”：“我戳了他一下，想看看他是不是会戳回来。他有时候会踢我，但当我丈夫把手放在我肚子上的时候，宝宝立马就安静了。”萨拉担心儿子以后会不会是个爱欺负人的恶霸：“我怎么知道他以后会是什么样子的呢？说不定他容易生气，会伤害别人。他可能是个恐惧的小孩，或者喜欢一个人待着，不想跟其他人一起。说不定他根本不关心别人，喜欢欺负人呢。那时，我们该怎么办呢？”我的同事听完后说，萨拉似乎认为孩子一出世就“长大了”，她和丈夫无法对孩子产生影响，就像曾经她的父母也管不住她一样。萨拉回复她不想谈论这些，她曾经面对过这些问题，现在只是想要用一些实用的建议来解决问题。她不想让我的同事去探究分析她曾经的叛逆行为和现在的问题的联系，我的同事了解她的想法后，为她设置了心理投射情景，从而分析她对婴儿的敌对心理。

作为治疗师，我的同事很不愿意看到患者把自己的小孩当作“怪物”，她意识到其中的危害，并且能够引导患者一同关注它，帮助患者预防产后“灾祸”。除此之外，在萨拉心中，丈夫可以拯救她，能够缓和她对孩子的攻击性。萨拉愿意依靠丈夫的帮助来控制自己的攻击性，说明她对此有着积极正面的态度、真正地关心孩子。正如我们在第 2 章中看到的那样，有的案例中的母亲担心自己无法照顾好刚出世的龙凤胎宝宝，但她的丈夫起到了很好的支持作用，从而避免了灾难性的后果。

菲利斯的独生子乔西有三岁大，他的行为有些古怪，因此菲利斯担心他会变成一个怪人。菲利斯出世时，她的母亲还没有结婚。菲利斯的母亲感觉自己的人生被菲利斯困住了，她对菲利斯的出生有着矛盾的心理，对菲利斯的照顾既不成熟又苛刻。有时候，她对菲利斯有着过多的关注和要求，让人窒息；而有时候，她又用残忍的批评中伤菲利斯。菲利斯长大后没法正常地离开母亲，因此很晚才结婚。跟母亲一样，菲利斯对生孩子也有着矛盾的心理，幸好在丈夫的支持和鼓励下，菲利斯能够下定决心生孩子。菲利斯害怕所有的亲密关系，尤其担心她的孩子会跟她的母亲一样，苛刻、难以取悦又以自我为中心。当看到自己生的是个男孩时，菲利斯大大地松了一口气；但看到儿子身上有些行为跟其他小孩不一样时，她又开始担心了。尽管没有什么依据，但菲利斯认为儿子非常任性和固执，担心儿子会像她一样，变成一个孤独的局外人。菲利斯跟自己的母亲很像，苛刻又需要关爱，所以她对儿子的担忧其实是自身潜意识的投射，尽管她难以承认这一点。她担心儿子会成为一个不合群的人，实际上是她担心儿子永远长不大、离不开她，就像她离不开母亲一样。萨拉和菲利斯都担心她们的孩子会养成某些不好的性格和习惯，而且她们都不愿意承认自己身上也有这些性格和习惯，这是母性中矛盾心理外化的表现。

丽贝卡的故事：害怕孩子是乱伦子

跟萨拉和菲利斯不同，丽贝卡很想要孩子，但是担心自己对孩子的渴望是出于潜意识里对父亲的爱欲和渴望。丽贝卡 20 多岁的时候开始接受心理治疗，原因是对家庭和自己的女性身份感到困扰。丽贝卡聪明，事业成功，但穿着老套过时，似乎特别不在乎自己的外表。丽贝卡有个忠诚又热情的男朋友，但她却无法在房事中达到高潮，她对此很担心。最终，她向我吐露了心声，说她对婚姻和养育孩子没有信心。丽贝卡的原生家庭里有三个孩子，她排行老大，她非常钦佩父亲，却看不起母亲，认为母亲既柔弱又没有能力。

很快地，丽贝卡在治疗中显露出了对父母的两种态度。我最开始见她的时候是在我的办公室里，办公室所在的大楼还有其他几个治疗师的办公室，也包括我丈夫的办公室。我和丽贝卡第一次见面结束后，丽贝卡没有从我们进来时走的路出去，反而走进了我丈夫的办公室。第二次见面的时候，丽贝卡解释说是因为门上没有标记，她的方向感又不好，所以才走错了，但这次治疗结束的时候，她又走进了我丈夫的办公室。当我准备研究她“出错”的原因时，丽贝卡试图大事化小、小事化无，但从那时起，她之后都能找到对的出口。渐渐地，丽贝卡对我和我的能力表现出了轻微的蔑视和焦虑，她潜意识里“想要和父亲在一起的”愿望越来越明显了（例如，她走进了我丈夫的办公室）。在她心里，男性是有价值的，女性则柔弱、不可靠。丽贝卡对母亲的鄙夷很大程度上是出于妒忌，她不甘心自己在家里的地位被其他兄弟姐妹代替了，而且其中一个还是个特别了不起的男孩。怀着愤怒和失望，丽贝卡试图从父亲那里获得慰藉，正如她前两次治疗结束都径直走进了我丈夫的办公室一样，她对我丈夫（以及我的婚姻状况）很感兴趣，甚至做出了一些越界的行为，比如在她工作的大学——也是我丈夫任教的学校，调查我丈夫的相关记录，并因此发现了我们有孩子（丽贝卡最早来治疗的时候互联网还未发展成熟。毫无疑问，若是在今天，她肯定会在网上搜索关于我的信息，而她并不认为她的做法侵犯了我们的隐私）。

在接受了几年的治疗后，丽贝卡和她的男朋友结婚了。他俩都想生小孩，于是 30 多岁的他们试图备孕。在接受心理治疗之前的几年，丽贝卡怀过一次孕，虽然最后他们选择了堕胎，但丽贝卡相信自己以后还能再怀孕。然而，丽贝卡现在却很担心自己无法生育，担心他们将永远不会有孩子。在经历了一年的尝试和担心后，他们成功地怀上了孩子，后来又成功地怀了两个孩子，而且后两次怀孕都比第一次更轻松。在我看来，丽贝卡暂时性的“无法生育”以及在和丈夫的性爱中无法达到高潮，归因于她潜意识里对自己的乱伦情结以及之前选择堕胎的内疚感。跟玛丽·雪莱和阿曼达一样，丽贝卡小时候也有过恋父情结，在她的潜意识中，所有的孩子都是“父亲的孩子”，丈夫也是父亲。

令人好奇的是，丽贝卡在自慰的时候能够达到高潮。她自慰时从来都不碰自己的生殖器，而是通过摩擦和夹紧大腿来获得高潮。她性幻想的对象是性感的男性电影明星，而且是青春期女生喜欢的类型，而非成熟女性喜欢的类型。丽贝卡通过这种行为宣泄自己作为女性和拥有女性器官的羞耻感。在这方面，丽贝卡和阿曼达是一样的，丽贝卡同样不喜欢触碰自己，就好像自己没有女性器官一样。她对男性青春偶像的性幻想，比如《周末夜狂热》（*Saturday Night Fever*）中的约翰·特拉沃尔塔（John Travolta），反映了她内在还是个兴奋的青春期女生，她依然是父亲的小女孩，对懦弱无能的母亲充满了鄙夷，但却拒绝承认这些，而用老旧过时的衣服和缺乏女人味的打扮来掩饰自己的性渴望。

丽贝卡对生孩子的焦虑并不是担心孩子会变成怪物，而是在于孩子代表了她潜意识里的幻想。性和孩子都代表着她拥有了母亲所拥有的东西，代表她取代母亲的地位成了父亲的最爱；反过来，这又说明她失去了母亲的爱。丽贝卡行为背后的动机是对母亲深深的依恋，但这种依恋被弟弟妹妹的出生破坏了。在前两次治疗时，丽贝卡用行为说明了自己的焦虑所在。她两次丢下我走进了我丈夫的办公室，但在治疗中又很努力地配合我，跟我建立了强烈的依赖关系。丽贝卡的治疗效果很成功，她有了满意的婚姻生活，生了孩子而且能够很好地照顾孩子，她内心的依恋对象也转移到了合适的人身上。在我这里接受了四年的治疗后，有一天，她在走廊里碰到了我丈夫，说我丈夫变了很多，他不再时髦和帅气（就像约翰·特拉沃尔塔一样），而是一个长相舒服的中年犹太人。

迪尔德丽的故事：怀孕时做的梦

迪尔德丽是我同事的一个病人，她在接受治疗期间怀孕了。她的幻想和梦境从好几个方面印证了我之前所说的关于担心孩子是怪兽的假设：她担心自己会把孩子变成怪物，担心自己的身体无法生出一个正常的孩子，担心孩子是自己的乱伦情结的结果。

迪尔德丽感觉自己在原生家庭中不受重视。迪尔德丽渴望得到父亲的爱，她的父亲是个成功但专制的商人，母亲是个家庭主妇，在家里地位低下。她还有一个弟弟，她在学习上的表现不如弟弟。迪尔德丽的丈夫没有很大的雄心抱负，财产也不多，她因此常受到家人的批评。迪尔德丽长大后对成功男性充满了妒忌和愤怒，同时又鄙视女性，包括她自己。她不喜欢自己的身体，饱受暴食症的折磨；在性方面，她只有通过幻想自己被绑起来和抽打才能获得快感。

迪尔德丽的第一次怀孕以流产而告终，她认为自己再也无法怀孕，就算怀上了也会习惯性流产。然而她再次怀孕了，这次怀孕没有流产，但她开始感到焦虑和做梦，担心自己无法做一个称职的母亲。她曾经梦到自己从一个空房间走到另一个空房间，这些房间象征着无法怀孕的子宫。她还梦到自己从一个乱糟糟的房间走到另一个乱糟糟的房间，极其想把房间打扫干净——是她的丈夫把这些房间弄乱的。迪尔德丽说："我变成了我的妈妈，不断打扫每个房间。

我丈夫在变胖，我不想我们的生活因为孩子变得乱糟糟的！”对迪尔德丽来说，变成母亲是具有负面意义的，变成母亲和变胖都象征着怀孕。迪尔德丽的治疗师说迪尔德丽担心自己不会是个好母亲，而迪尔德丽回复：“如果我做好了最坏的准备，那么就算以后孩子恨我，我也不会太伤心。”

一个星期后，迪尔德丽梦到自己的猫伤残了，她在梦里拼命地想要救猫，送猫去兽医院。迪尔德丽对猫的爱体现了她担心肚子里的孩子是否安好，兽医象征的是她的治疗师。迪尔德丽担心孩子会是个无脑的畸形儿。她说担心肚子里的孩子活动得太少，而活动少说明婴儿没有成长。在这些梦境中，迪尔德丽担心她的攻击性（恨）会传给孩子，孩子会恨她，可能会是个无脑的怪物，没法长成一个健康的孩子。

在她感觉到肚子里孩子的运动后，她感到非常兴奋，同时想到丈夫陪伴孩子的时间将会比她多，她就生丈夫的气。而她的丈夫之所以有更多的时间陪伴孩子，是因为迪尔德丽自己的安排。迪尔德丽比丈夫赚钱更多，她认为自己应该继续工作，而他应该待在家里带小孩。但她又对此很生气，妒忌她的丈夫有更多的时间陪孩子。这里体现了迪尔德丽的矛盾之处：既希望孩子是活泼健康的，又担心孩子会生气、会恨她；既想留在家里照顾孩子，又把带孩子的任务留给了丈夫。她的梦境体现了她心里的爱恨纠缠。

迪尔德丽在怀孕的时候，她的性幻想对象改变了，她幻想的是一个无名的奴役者的形象。在幻想中，她是受害者，有一个看不见脸的男人用语言羞辱她，让她脱掉衣服，打她的臀部，责备她没有听话。这个人也许是她的治疗师。当她幻想这个画面的时候，她能够获得极大的高潮。有趣的是，她对自己的性幻想没有任何想法，她不想承认这个幻想，因为这不但说明了她小时候对父亲的依恋，而且还跟现在的治疗师有关。比起我谈到的其他假设，生孩子所代表的乱伦意义太过恐怖了，因此，很难说出来，只能在其潜意识中出现。

很多怀孕的女性都不记得自己做过的梦，但这并不代表她们没有做梦。迪尔德丽在接受治疗的时候记得自己的梦境，在治疗师的帮助下，她能够在孩子出生前了解自己的矛盾心理，能够减轻焦虑心理，并且提升做母亲的自信和舒适感。女性怀孕后如果能够意识到自己的矛盾心理和相关的梦境，就能在治疗中起到很好的帮助作用。

迪尔德丽在开始做母亲的那几个月里也从治疗中得到了很好的帮助。她的分娩进行得比较顺利，当孩子两周大时，她开始带着孩子来治疗。尽管她很喜欢孩子，也很关心孩子，但她还是担心自己会是个坏母亲。开始的几周，她的母乳喂养进行得不是很顺利，她告诉治疗师自己“感觉这件事很失败，就像我做的其他所有事情一样”。她承认，几天之前曾因为母乳喂养不顺利而对孩子感到非常生气，有一点儿“产后抑郁症”。在后一次治疗中，迪尔德丽告诉治疗师自己重复出现过的幻想。喂完孩子后，孩子放开乳头时会对她笑，这个时候，迪尔德丽就会担心孩子是个怪兽，他在骗取她的关心。她感觉孩子会变得“像《罗斯玛丽的婴儿》里面的魔鬼一样”。她担心自己给孩子喂得太多了，担心让孩子变得贪婪。迪尔德丽能够跟治疗师说出自己的矛盾心理，这有助于她克服育儿早期的困难，并且渐渐地享受做母亲的乐趣。当她结束治疗的时候，她已经怀上了第二个孩子。

桑德拉和西比尔的故事：早期的干扰和分离

丽贝卡和迪尔德丽受到乱伦心理的困扰，她们感觉自己不被重视，并对自己的女性身份感到羞耻，除了弟弟妹妹的出生取代了自己在父母心中的地位，并且她们的父母都有重男轻女的做法之外，没有证据说明她们早期同母亲的亲密关系受到了干扰。我的确承认弟弟妹妹的出生会破坏她们同母亲的关系，但这种破坏是很正常的。兄弟姐妹们的关系虽然复杂，但却能为其带来巨大的满足感，比如情感上的支持，兄弟姐妹的出生并非只是一件只有失没有得的事。例如，丽贝卡虽然很妒忌弟弟，但却和妹妹有着一致的家庭观念：父母虽然爱她们，但太过于保护她们，因此她们之间形成的同盟关系能够帮助她们变得更加独立自主。

接下来，我将要讨论的两位女性：桑德拉和西比尔，她们早期同母亲的亲密关系都遭到了破坏。桑德拉出生的时候，她的父母还很年轻，缺乏安全感，在两年内生了两个孩子，桑德拉排行老二，分娩时的事故使她早期同母亲的亲密关系受到了严重的影响。她快要出世的时候心率骤减，医生只好进行紧急剖宫产，她和母亲的生命都危在旦夕，她出生后，母亲的身体变得非常虚弱，常常生病。出生后的几周，桑德拉主要是由父亲和其他人照顾，无法和母亲之间建立亲密的纽带关系，这对她和母亲后来的关系都产生了影响。桑德拉的母亲患了慢性疾病，身体非常虚弱，曾在桑德拉小的时候不得不长期住院治疗，而且经常卧床不起，依靠药物维持生命。

桑德拉潜意识中以为，母亲的体弱多病是自己和自己在婴儿期的需要造成的。此外，桑德拉的母亲当时还很年轻，不够成熟，情感上还没有做好将要照顾两个孩子的准备，可能偶尔把生病当作解脱。桑德拉的认同感来自父亲，从他那里寻找支持和认可，对父亲的依恋程度甚至比丽贝卡更严重。她猜想父亲理想中的女儿是什么样子的，并努力做到父亲希望的样子，以此来取悦父亲，全然不顾自己的真实情感和兴趣。同阿曼达一样，桑德拉也不想变成一个男人，但同样认为做女人（尤其是做母亲）不是个好消息。

桑德拉对自己的女性身体感到非常不自在，很关心自己的体重。对她来说，瘦很重要，保持大腿、臀部、胸部和腹部的瘦削非常重要，不要任何的曲线和窈窕感，但她也要求穿着好看。桑德拉是异性恋，也会有性反应。对她来说，真正的危险是亲密和依赖，对某人产生需要的感觉要么会伤害对方，要么会让自己失望；有一个男性化的身体和个性，能够完全地独立和自主，才是安全的。只有这样，她和别人才都不会受伤。

虽然常常被孩子吸引，但桑德拉自己并不想要孩子。她在 30 多岁的时候堕过胎，潜意识里还对这件事有着很深的内疚感。桑德拉觉得孩子经常吵闹，要这个要那个，会使妈妈的身体变得虚弱多病。虽然她同意进一步分析了解自己的困惑，但却不需要我帮忙，而想通过其他的方式来了解自己：一种不需要依赖其他人的方式，一种她自己可以掌控的方式。这再次体现了桑德拉瘦削、强硬、自主的形象。在桑德拉看来，女人的身体在生孩子时就会变得脆弱和可耻，那时她们的心智也不再可靠。她把我想象成一个非实体的心理咨询师，而不是一个活生生的人，只有这样对待我，她才可以理解和修正看待这个世界的方式和处世方式。她在治疗开始的时候是这么想的，但看到我能够忍受和理解她的需要、感受和焦虑，她的依赖和需要没有使我生病或受伤，于是她渐渐地对我产生了信任。

桑德拉后来能够跟我坦白她的心声，说她想生孩子的时候已经来不及了，但她的生活那个时候已经比之前有了很大的提升：她遇到了一个男人并和他恋爱，后来他们结婚了；她的事业也出现了变化，变得更加适合她的性格和兴趣；她还能深刻真实地评价我们为她进行的治疗工作。要是她再年轻一些，她和丈夫也许就能生孩子了。

相反地，西比尔的母亲很爱她，但她们之间还是存在早期的分离。在婴儿期，西比尔和母亲形成了一种坚定稳固的亲密关系，但在五岁前，由于需要矫正先天畸形，西比尔需要住院治疗三次；第一次是在她八个月大的时候，那时候的西比尔非常脆弱，因为跟母亲分开而感到非常焦虑；第二次是在她一岁半的时候；第三次是在她五岁的时候。尽管西比尔住院的时候母亲都在她身边，但这几次手术和住院使西比尔对和母亲分开这件事变得很敏感，对自己身体的完整性和受伤的意识也增强了。而且西比尔还有一个善妒的哥哥，哥哥虐待折磨过西比尔的身体，因此西比尔更加敏感了。

尽管西比尔迷人、聪慧、成功又年轻，但她总是认为同男性的关系会给自己带来伤害。她把男性的任何行为都理解成是拒绝和羞辱自己，最后负气离开。这里的伤害不仅仅是因自恋而受到的创伤。作为一个女人，拥有女性的身体，这本身就使自己处于一种脆弱的处境。早期的手术经历使西比尔增强了对自己的身体意识和弱势的感觉。而且，她的父母（尤其是她的母亲）对西比尔非常保护，不让她冒任何风险，她无法走出父母为她搭建的避风港。虽然西比尔自己很想生孩子，但她担心自己无法承受复杂艰难的关系。她觉得没有男人会像父亲那样对她好，而且像阿曼达一样，西比尔也担心跟其他男人接近意味着会失去母亲。在我能够找出影响西比尔的心理因素前，她的治疗就中断了。我感觉西比尔渴望有一个家庭，但在潜意识里担心婚姻生活和生孩子会使她身体受伤，而且她很害怕男性会让她受伤，因此她的愿望怕是很难实现了。

普莉希拉的故事：害怕邪恶的兄弟姐妹

普莉希拉的困境使她不断推迟生孩子的计划，直到一切为时已晚生不了孩子。普莉希拉也担心自己生的孩子会是怪兽，虽然她跟玛丽·雪莱和阿曼达不一样，早期和母亲的亲密关系没有受到破坏，没有乱伦焦虑，也没有对自己的女性身体感到羞耻，但她的确有着对怪兽孩子的投射幻想。

普莉希拉有着一头惊艳的红发，浑身散发着自信和能量，但却因为两年前堕胎引起的抑郁而来我这里咨询。普莉希拉出生于美国中西部的一个富裕家庭，家里有四个孩子，她排行老大。普莉希拉告诉我，她一直都想组建个家庭，她曾经有过两段稳定的关系并且怀孕了，但却都选择了堕胎，一次是 30 岁的时候，另一次是 40 多岁的时候。她的第一个男朋友希望普莉希拉能嫁给他，把孩子生下来。尽管普莉希拉也想做母亲，但还是选择了堕胎，于是她的男朋友离开了，跟其他女人结了婚。普莉希拉的第二个男朋友从没想过要孩子，她也知道这一点，意外怀孕后，男朋友说不管她做什么样的决定都会陪在她身边，普莉希拉还是选择了堕胎。后来，普莉希拉和男朋友结婚了，但心里依然对这次决定耿耿于怀。

普莉希拉的例子令人很不解：明明自己很想要孩子，但两次怀孕却都选择了堕胎。在进行了几次治疗后，她的问题就暴露出来了。和阿曼达一样，普莉希拉也患有幽闭恐惧症。她在飞机上的时候幻想自己被困住了，感觉特别恐慌，无法自已。她在怀孕的时候也有类似的感觉，害怕自己被困住，仿佛厄运在慢慢逼近，希望孩子赶紧从她身体里出来。虽然有这种想法，但她绝没有想过要杀掉孩子，可是，如果她无法忍受孩子待在自己身体里，她又该怎么摆脱恐慌呢？她总是关注恐慌有多么难以忍受，但从来都不会想是什么原因使她这么恐慌。

普莉希拉对自己的女性特质没有什么不自在的心理，也并不对自己的女性身体感到羞耻。她同父母的关系非常亲密稳定，尤其和母亲的关系非常好，在她六岁的时候，家里多了三个弟弟妹妹。普莉希拉是家里孩子中最成熟优秀的，她还帮助母亲照顾其他弟弟妹妹，看起来似乎是个理想的家庭榜样。但是，普莉希拉的母亲对孩子们太过温柔，把弟弟妹妹们的生活照顾得太好了，以至于他们都没有真正地长大（过度保护是矛盾母性的一种表现形式）。直到接受治疗的时候，普莉希拉才意识到自己的问题所在，她通过堕胎想使孩子脱离自己的子宫，孩子代表了自己憎恨的弟弟妹妹。她不想跟弟弟妹妹们分享母亲的子宫和关心，这是她幽闭恐惧症的根源所在，她感到自己被困住了，有一种难以忍受的拥挤感。在一种情况下，她承认自己有时候会担心生出一个怪兽来，但她没有想到在自己的生活中已经有了怪兽孩子。在她的心里，弟弟妹妹们要求苛刻，让她筋疲力尽，她把对弟弟妹妹们的印象投射到对孩子的幻想中，因此害怕生孩子。

阿曼达、桑德拉和普莉希拉都是等到自己不能生孩子了才来接受治疗。她们对生孩子有着深深的恐惧，于是潜意识里不断推迟怀孕，直到自己的身体难以怀孕或者怀不了孕。另一方面，丽贝卡、迪尔德丽和萨拉在纠结自己要不要做母亲时接受了治疗，并选择了做母亲，有机会赶在不能生育之前打消了疑惑和恐惧。

第 6 章

瑞秋的故事：内化的矛盾心理和隐藏内疚心理的危害

瑞秋处理矛盾心理的方式是责备自己。从表面上看，她是一个什么都不缺的女人——身材苗条，迷人，工作好，职位受人尊敬，丈夫是自己的同事，社交生活有趣，还有两个聪明健康的孩子。她做了一个好母亲应该做的一切：每天晚上给孩子读书；安排孩子的玩耍日程、生日派对；定期带孩子去公园和动物园；安排自己的工作日程，以便有时间带孩子去看儿科医生以及跟幼儿园的老师见面。

然而，瑞秋的朋友都不知道她其实非常苦恼，因为她只跟自己的治疗师诉说苦楚。瑞秋感到抑郁、紧张不安，发觉孩子日益让她筋疲力尽，有时候还很令她恼火。瑞秋感觉她的朋友们都能够无条件地爱孩子，只有她自己做不到，因此她感到非常自责，感觉自己处在崩溃的边缘。

瑞秋对孩子都是好心，很爱孩子，不过她早期同自己母亲的关系不太好。瑞秋的生活中还有其他事情加重了她的焦虑，例如：工作和照顾孩子发生了冲突；严苛的社会期待要求女性以“正确”的方式抚养孩子，要求女性自信且灵活地处理孩子的事情；早期同母亲的认同感也会极大地影响母性行为等。

瑞秋几乎是大部分女性的代表，她们非常努力，想对孩子好，想保护孩子，不让孩子受到自己矛盾心理的影响。我之所以要讲述瑞秋的故事，是为了说明矛盾母性的一种表现形式，即母亲试图通过内疚和自责来修复自己的心理焦虑。我在心理治疗和分析中见过很多这类例子，很多像瑞秋的女性都更愿意寻求治疗，这不仅是因为她们不想自欺欺人，还因为她们认为问题出在自己身上。她们最主要的担心是害怕她们的矛盾心理会给子女带来伤害。

前面讲到有些女性因为心理问题或是把孩子视作怪物而无法生孩子，对她们来说，她们害怕的是孩子会伤害她们：剥夺她们的权利，耗尽她们的精神和气力，让她们精神崩溃。患者造成这些心理问题的原因一般是早期同自己母亲的关系受到了干扰，有趣的是，在进行心理治疗时，这些干扰也常常出现在患者幻想的和治疗师的关系中。这种矛盾心理的特点在于，母亲投射在孩子身上的“邪恶品质”，或者孩子身上遗传了母亲邪恶或负面的特征。在后一种情况中，通常是孩子的心理出现了问题。

尽管大部分母亲会综合使用内化和外化的策略，但一般会偏向于某一种策略。因为在我们使用投射机制的时候，患者的心理问题的严重程度一般呈现出渐变的梯度，因而分开讨论会更有效果。因此，本章的内容主要是讨论瑞秋和她矛盾母性内化的经历，而外化策略将在第 7 章中讨论。

瑞秋

瑞秋是一名学术型医生，50 岁出头，她因为工作上的冲突来寻求精神分析，希望能够尽可能地实现自己的职业抱负。瑞秋的孩子们现在已经长大了，都能自食其力，但她还是无法让自己“像想象的走得那么远”。很长一段时间，尤其是前 30 年，她把追求个人目标过程中遇到的瓶颈归咎于家庭和工作之间的冲突。现在孩子们都长大了，她需要直面阻碍自己事业成功的心理问题了。这些问题跟她早期同母亲的认同感和亲密关系有关，在我对她的治疗中，大部分时间也都是谈论相关的问题。瑞秋曾经也接受过包括心理治疗和心理分析方面的治疗，在这些治疗中，主要谈论的是她在养育子女方面的困惑。本章使用的案例资料主要来自我近期的治疗工作，以及瑞秋对之前治疗的自我认知。

> 我们很难将这两个问题分开讨论：工作和母亲角色之间的冲突，以及内心对成功和抱负的焦灼。很多女性认为职业和事业追求对她们的身份定位和自我价值很关键，早期同父母、兄弟姐妹和其他她们想要效仿和取悦的家庭成员之间的认同感和亲密关系，都会极大地影响她们对工作和事业的认知。女性从工作中获得的满足感既有助于让她们成为更好的母亲，对自己更有安全感，不再把自己的个人价值寄托于孩子身上，也能轻而易举地使她们偏离正常的轨道，给她们带来冲突和麻烦，使她们愤怒和内疚，从而筋疲力尽。对于瑞秋来说，成功本身就是冲突的来源，她还要一边工作、一边照顾孩子，因而她的焦虑更加严重了。

瑞秋的父母都是犹太人，一直等到有一定的经济能力时才生孩子，他们生瑞秋的时候 30 岁出头。瑞秋出生时正值美国大萧条末期，父母、祖父母和其他家庭成员都为她的出世感到非常开心。瑞秋的母亲汉娜是一名教师，产假一直休到瑞秋八个月大时。汉娜很开心终于有了孩子，她对瑞秋充满了爱，积极回应瑞秋的需要，照顾周到。然而，汉娜没有用母乳喂养瑞秋，而是采用 20 世纪 30 年代流行的行为主义育儿法，严格按照规定的时间喂养孩子，任由孩子哭，有时候可以任孩子哭几个小时，以此来“加强孩子的肺部运动，教会他们按照时间进度活动”。后来，汉娜告诉女儿瑞秋，为了能尽快去安抚女儿，为女儿喂食，她“很想把时钟拨快点儿”。瑞秋的奶奶瑞芙可认为，这样的育儿方式既残忍又荒谬，所以总是尽可能地来照顾瑞秋。

> 每一代人似乎都有各自认为“正确的”育儿方式，这些育儿方式有时候可能比较残暴。母亲们都想用正确的方式来养育孩子，她们的做法可能

会违背自己的母性本能。曾有一段时间，“不处罚，尽可能地宠爱孩子”一度是育儿的指导准则，在那个时候，父母打孩子屁股都可能会接到儿童保护机构（Child Protective Service）的电话。母乳喂养这种喂养婴儿的自然方式，在 20 世纪 30 年代被中、上等阶层家庭的女性视为一种过时的做法。如果母亲们选择用母乳喂养婴儿，她们就能享受和孩子之间的亲密以及哺乳孩子的感觉，而有些母亲则认为母乳喂养是下等阶层才用的育儿做法，是不对的，从而放弃母乳喂养，也因此剥夺了自己和孩子的这种体验。直到 20 世纪 60 年代才有很多母亲用母乳喂养孩子，但她们使用了一些到现在还受到广泛认可的配方。母乳喂养婴儿是现在使用最多的喂养方式，任何中、上等阶层的妈妈如果不使用母乳喂养，就会被认为不顺应母性和懒惰，或者政治立场不正确。

汉娜出生于一个东欧移民家庭，家境清贫但有志气，家里有六个孩子，汉娜排行第三。汉娜由母亲麦卡母乳喂养，但由于母亲很快怀孕而不得不停止。在汉娜 14 个月大的时候，母亲生了一个女孩，取名露丝。虽然家里的六个小孩出生的时间间隔都不长，但汉娜和露丝间隔的时间最短。汉娜的母亲在第七次怀孕的时候死于胆囊手术并发症，当时汉娜只有 13 岁。父母二人中，母亲麦卡一直扮演“强者”的角色，密切地监督孩子们，鼓励孩子们学习和发展，她尤其重视汉娜，因为汉娜是她认为最聪明的孩子。

母亲麦卡的去世对整个家庭产生了多方面的影响。家里所有的孩子都在潜意识里认为自己应该为母亲的去世负责，他们批评和责怪其他兄弟姐妹，以此来掩饰自己内心的愧疚。兄弟姐妹之间因为愧疚引起的纷争、妒忌和竞争，对汉娜的整个人生都带来了严重的情感负担。在潜意识里，汉娜恨母亲在生下自己之后又生了别的孩子取代了她的位置，然后又早早地离她而去。汉娜同样恨妹妹们，同时又害怕她们，这种感情使得汉娜养成了一种防御反应，这种防御反应使她确信自己非常喜欢孩子。汉娜对孩子的爱不全都是出于防御反应，但她不承认自己对孩子有矛盾心理，她做出了一些非常有违母性本能的行为，执着于育儿规则、没能及时地安抚和保护瑞秋的做法只是其中的一个例子。

汉娜的例子解释了她产生矛盾母性的原因。汉娜在青春期早期，母亲麦卡去世了，没有母亲指导她该如何对待自己日益成熟的女性特质和性特征。汉娜不仅对自己的身体感到不自在——这也许是她不愿意用母乳喂养瑞秋的原因，她还对瑞秋的女性特征感到不自在和紧张。同时，由于汉娜的兄弟姐妹都觉得是自己导致母亲过于劳累而死，他们憎恨和责怪彼此，以此来减轻自己内心的愧疚感，因此汉娜潜意识里非常熟悉兄弟姐妹之间的憎恶感，以至于当瑞秋表现出对弟弟妹妹的憎恨时，汉娜不知所措，不知该如何处理。在汉娜成为母亲后，小时候的遭遇在她和孩子的关系中再次上演，而且她并没有意识到这些遭遇可能产生的意义和影响。

瑞秋的父亲雅各布的原生家庭有五个孩子，雅各布是家里最大的孩子，深受母亲瑞芙可的喜爱。当时瑞芙可还很年轻，但婚姻生活不幸福。当雅各布三岁的时候，一岁半的弟弟因为肺炎夭折了。雅各布的前额有一块草莓色的胎记，瑞秋的妹妹曾经问过雅各布胎记的事，雅各布回答说这是“该隐[①]的标记”。跟很多孩子一样，雅各布觉得是自己想要摆脱弟弟的想法杀死了弟弟。雅各布的一生都在照顾别人，他的父母、兄弟姐妹、妻子汉娜的兄弟姐妹，以及两个女儿。在雅各布眼里，他们比表现出来的更为脆弱，需要被保护，不能让潜意识里的攻击性伤害他们。瑞秋对妹妹露丝的反应让雅各布很苦恼，而实

① 该隐是亚当和夏娃的第一个儿子，杀害了自己的亲弟弟艾贝尔。——译者注

际上，雅各布潜意识里在为弟弟的死感到内疚，而不知道该如何有效地面对。瑞秋对妹妹的敌对竞争让雅各布想起了自己同弟弟之间的同胞竞争，这在他的内心产生了灾难性的后果。

当瑞秋八个月大的时候，汉娜的父亲去世了。那时，虽然汉娜很想待在家里照顾瑞秋，但担心如果不回去上班就可能会丢掉工作，于是回到了自己的教学工作岗位上。汉娜对父亲的去世感到痛苦，同时还要离开女儿去上班。尽管她和女儿之间的关系很亲密，但还是受到了影响。

瑞秋和母亲汉娜的亲密关系受到的第二次破坏发生在一个夏天，那时瑞秋只有三岁，汉娜第二次怀孕的分娩期快临近了，她把瑞秋送到乡下和奶奶瑞芙可住了 40 多天的时间。在这段时间里，只有雅各布会在周末来看瑞秋。瑞秋对这段时间的经历还有一些记忆，她隐约地记得人们来乡下避暑的盛况，记得有一天早上醒来发现母亲睡在她旁边。汉娜生完第二个孩子露丝后就来到了乡下接瑞秋回去。瑞秋记得自己当时感到很意外，感觉松了一口气，她曾以为自己再也看不到母亲了。对于刚出世的妹妹露丝，瑞秋却没有任何记忆。她只记得父母的卧室里有一个婴儿床，桌上的东西变了，上面放着玻璃药物瓶，有的装着乳液，有的装着粉末还有棉签，但却不记得有没有婴儿。瑞秋对妹妹最早的记忆是妹妹八个月大的时候坐在高椅子上吃早餐，而自己则被送到了全日制幼儿园。

瑞秋早期遭遇的这两次干扰都是造成其母性矛盾心理的关键原因。汉娜父亲去世的时候，汉娜非常伤心，想起母亲很早就去世了，是温和慈爱的父亲填补了母爱的缺失，失去父亲就像失去了第二个母亲一样。汉娜回归工作岗位对瑞秋的影响还没有那么大，因为她下午三四点钟就回家了，晚上和周末都在家，对瑞秋照顾得很周到。

瑞秋感觉第二次和母亲分开对她的影响更严重，她那时只有三岁，对这次别离记得很清楚。瑞秋和汉娜都对这次分离感到很焦虑。汉娜怀孕三个月的时候休了产假，对瑞秋来说就是“妈妈下班回来了”，她们一起度过了愉快的五个月，一直到汉娜临近分娩，瑞秋被送到了乡下的奶奶家里。瑞秋和汉娜都很享受她们在一起的这五个月，但是瑞秋却认为是自己和母亲在一起的幸福时光太多了，所以才被送到乡下去接受惩罚，尽管奶奶对她也很照顾。对三岁的瑞秋来说，和母亲分开的40多天仿佛是一辈子的时间。这段别离给瑞秋留下了跟随她一生的焦虑感。她觉得，任何感情或者处境不论多么稳固，都有可能突然间崩塌，灾难其实和她距离并不远。让人疑惑的是，尽管汉娜和瑞秋之间的母女关系非常亲密而且稳固，但这次别离还是给她们的亲密关系造成了影响，这让汉娜很失望，打击了她作为一个好母亲的信心。

露丝曾患有婴儿疝气，无法定时喂食。后来，汉娜告诉瑞秋，“我们就把育儿手册扔了”。当露丝一岁的时候，全家出去避暑度假，露丝患了链球菌肺炎，必须住院治疗10天。那个时候，父母不能陪孩子待在医院，而且探望的时间很短，露丝感到心烦意乱，紧紧地抓住汉娜和雅各布不放。汉娜和雅各布很害怕他们会失去露丝，经过这次住院，他们认为一定要好好地保护露丝。

瑞秋不太记得露丝生病的事（后来她来到露丝住院的医院，看到她的医用表，才确信露丝确实是在医院住了10天治疗链球菌性肺炎，那个时候还没有青霉素）。瑞秋感觉母亲更疼爱露丝，对此感到很生气，从而和父亲的关系变得更亲密了。她成了父亲最喜欢的女儿，是父亲的掌上明珠，而且很长一段时间都没有搭理母亲和妹妹。她渐渐地觉得自己是个“大女孩”，这后来也成了她性格里的一部分。瑞秋记得自己有一张五岁时拍的照片，照片中的她站在妹妹的婴儿车内，脸上的表情虽然有点儿羞愧但是很坚定。瑞秋想维持和父亲的这种亲密关系，不仅是表面上看起来很好，还要心里真正觉得好，这种需要促使她养成了“大女孩”的性格。父亲对此也很鼓励，似乎很希望看到瑞秋成功，但在这种保护性的防御背后，他其实无法忍受来自妻子、兄弟姐妹或者孩子的竞争。这是瑞秋职业上无法取得突破的重要原因之一。

露丝生病的经历给整个家庭带来了创伤。瑞秋心里充满了对妹妹露丝的憎恨，却没有意识到她差点儿失去妹妹。家人说瑞秋从一个开朗活泼的小女孩变成了一个不讨人喜欢的“野孩子”，说明瑞秋当时很焦虑，对妹妹的出生感到气愤。汉娜和雅各布可能更希望露丝是个男孩子，并且被露丝的疝气和暴躁个性折腾得够呛，于是很注意保护露丝。但在瑞秋充满妒忌的内心认为，父母过于保护露丝了。

虽然瑞秋有着很强的同胞竞争意识，但她同母亲的疏远并不是绝对的，在某些事情上还是跟母亲保持一致，比如对孩子的期待、对事业的追求，以及一边工作、一边照顾孩子的工作模式等。瑞秋结婚两年后有了第一个孩子，她那时二十几岁，不想要女孩。当孩子出生后，瑞秋发现是个男孩感到很开心，给孩子取名叫伊桑。

瑞秋后来意识到自己为什么那么想生男孩，是因为她不希望孩子重复自己和汉娜的经历，并且潜意识里有恋父情结：父亲没有儿子，她想给父亲生个儿子。出于防御心理，瑞秋鄙视汉娜和露丝，心里暗暗地觉得男人更好。我们能从瑞秋身上看出很多跟本书第 4 章讨论的问题类似的地方：瑞秋担心自己会不喜欢女儿，把自己憎恨的情感投射到孩子身上，以为孩子也不会喜欢她；对父亲雅各布有着乱伦情结；潜意识里看不起女性；早期和母亲的亲密关系遭到了破坏。在瑞秋的案例中，她焦虑的不是生孩子，而是生女孩。在对自己做母亲的能力更加自信后，瑞秋后来很遗憾自己没能生女儿，她相信如果自己有个女儿，她也能把女儿照顾得特别好。

瑞秋和伊桑相处得很好，但瑞秋后来意识到自己曾经迫切地希望伊桑能尽快长大。瑞秋为伊桑的每一次成长都感到骄傲，潜意识里跟母亲汉娜一样短暂地用母乳喂养伊桑。虽然瑞秋一开始下定决心要用母乳喂养伊桑，但后来跟许多母亲一样没有得到正确的指导。哪怕伊桑吃得很满意，瑞秋还是担心自己乳量不够，在试了几个月母乳喂养后只好放弃，改用配方奶粉。

当伊桑 16 个月大的时候，瑞秋再次怀孕了，这次怀孕是在计划之内的，瑞秋希望能生个女儿。但是很不巧，就在伊桑两岁生日刚过不久，瑞秋又生了个儿子，取名塞米。塞米是足月出生的，非常健康，但脾气很坏，很爱吵闹。当塞米再大一点儿学会走路的时候，他变得很黏人，要这要那，爱发脾气，时刻想要获得瑞秋的关注。瑞秋有点儿招架不住，她过分地依靠计划和控制，拒绝承认塞米给她造成的压力。汉娜力所能及地帮瑞秋，但母乳喂养的时间还是很短。瑞秋后来意识到，她曾经过于迫切地希望伊桑快快长大，虽然照顾婴儿对瑞秋来说更舒服，但她还是对自己把注意力放到了塞米身上感到内疚。这也是生物本能的驱动。

伊桑两岁半的时候，塞米八个月大，瑞秋那时基本上都在家照顾孩子，情况变得容易多了，出现了一些改变。瑞秋的丈夫罗伯特由于工作需要，举家搬到了外地，距离汉娜和其他可以帮忙的亲朋好友更远了。瑞秋自己也在闲暇时间接受住院医生的培训。由于瑞秋和罗伯特都要工作和照顾小孩，因此他们之间的关系变得越来越紧张。

母亲们想要把一切都做得很好——工作、养育孩子、跟丈夫保持亲密的关系，还要保持个人兴趣、留出社交生活和定期运动的时间，而且，除了丈夫，家里还找不到其他人可以帮忙。这就是当今社会对女性母亲角色的期待。这些目标不但让女性筋疲力尽，而且还很难实现，疲惫和挫败感只会加重她们的焦虑。当瑞秋重回职场的时候，当时女权主义的观点非常支持妈妈们回归职场，贬损那些在家带孩子的女性。但是，瑞秋那时早早回归职场并不全是基于中产阶级的文化传统，而是瑞秋的父母都有工作，瑞秋受父母的影响对工作比较投入，而且潜意识里对自己做母亲的能力不太自信，尤其在她有了两个孩子后。

瑞秋搬家后 10 个月左右，奶奶瑞芙可去世了。瑞秋感到非常伤心，恐慌症发作了。在治疗的过程中，瑞秋恐慌背后的原因渐渐明朗。在奶奶去世后不久，为了处理好孩子和工作的关系，瑞秋接受了心理治疗，她与当时的女治疗师建立了很好的积极关系，尤其是在奶奶去世后，瑞秋感觉这个女治疗师是自己的生命线，就像三岁时奶奶是自己的生命线一样。

奶奶瑞芙可去世后的两个月，瑞秋的父母来了。一天下午，他们带着伊桑和塞米去当地的一个池塘游泳，当时天气非常炎热，孩子们的脾气比较暴躁，气氛比较紧张。准备回去的时候，汉娜拿着几个很沉的沙滩椅，吃力地往车上搬。瑞秋催促她快一点儿，汉娜有点儿生气，“怨恨”地看了瑞秋一眼。瑞秋意识到自己刚才有点儿缺乏耐心，但还是感觉很受伤。晚餐的时候，瑞秋的父母和其他几个朋友都在，瑞秋的恐慌症发作了，吃不下东西，最后不得不让罗伯特把她送回家。后来在做心理治疗的时候，瑞秋意识到母亲在大太阳下拖着椅子吃力的样子，让她想起了自己三岁时母亲再次怀孕的那个炎夏。潜意识里，她把母亲怨恨的眼神和自己被送到乡下关联起来，以为是因为自己太吵、要求太多，让怀孕的母亲吃不消才被送到乡下去。不同的是，现在奶奶去世了，不能再照顾她。而且，和罗伯特紧张的关系让她害怕会失去他。在瑞秋的潜意识里，罗伯特代表了父亲雅各布，她被从汉娜身边带到乡下后，是父亲经常去看她。奶奶的去世使瑞秋想起了小时候和母亲的第二次分离。

瑞秋当时的治疗师能够理解她，知道瑞秋随着潜意识里对孩子的需要和发育阶段产生认同，她个人的需要也会增加，因此帮助她应对内心的愧疚和自我惩罚的想法，但仍然无法消除瑞秋严重的焦虑感。瑞秋精神抑郁，而且有严重的焦虑症，她的情形我在本书第 1 章中也提到过，就是早期育儿过程中的“精神错乱”。瑞秋之所以感到恐慌，不仅是因为她的需要没有得到满足，还因为害怕自己的激动情绪。她担心自己会失去控制，会杀掉自己的孩子，或者自杀，这些偏执的想法让她非常痛苦。实际上，在她感觉艰难的时候，她的孩子一直都是她的支撑源泉，能够给她带来安慰。瑞秋还发现，塞米很依赖她，也很脆弱和压抑（塞米后来被诊断出患有情绪病，但塞米才一岁半，谁能知道他得了这个病呢？就算知道了又能怎么样呢）。尽管瑞秋和罗伯特都非常努力地想要满足两个孩子的需要，但伊桑和塞米还是觉得缺少了什么。

对于瑞秋来说，在养育孩子的过程中重复自己早期和母亲的关系是可怕的，也因此加重了她的焦虑心理。当小儿子塞米得了疝气，瑞秋不得不把注意力转到塞米身上时，大儿子伊桑和她的亲密关系就被小儿子取代了，她只能要求伊桑尽快长大，同时自己对塞米也感到生气。瑞秋在养育子女方面受到了母亲汉娜的影响，尤其是过早地放弃母乳、过早地回归职场、喜欢追求完美等，因此在伊桑和塞米身上重复母亲之前犯过的错误。汉娜是瑞秋母性上的榜样，她的形象是不稳固的。汉娜早期同母亲的亲密关系被妹妹取代，又在青春期失去了母亲，她对自己的母性本能和选择本身是没有信心的，尽管她表现出来的是一个很爱孩子的母亲形象。在奶奶瑞芙可去世后，瑞秋没法像依赖母亲那样去依赖汉娜，因此感觉自己仿佛没有母亲，并感到失望和恐惧。

在治疗师的帮助下，瑞秋的情况在九个月之后得到了好转。瑞秋一家搬到了另一个城市，那里气候更好，离罗伯特父母的家也更近，因此他们的生活变得更加容易，但以前留下的心理创伤的影响还在，表现在两个孩子没有安全感，而且彼此妒忌。

瑞秋的例子说明了母性的矛盾心理会影响到下一代。瑞秋受到母亲汉娜的影响，两个儿子也会受到瑞秋的影响。认同感带来的影响由奶奶传递到母亲身上，再传给孩子，因此瑞秋他们三代人的焦虑感和兄弟姐妹之间的问题都比较严重。

瑞秋对妹妹露丝有着强烈的竞争心理，她既有一定的防御性心理，又感到内疚，因此对两个儿子之间存在的竞争问题只好睁一只眼闭一只眼。而且，由于瑞秋存在攻击性，还引起了恐慌症，出于害怕，她选择不去理会孩子们的情感需要。虽然瑞秋很爱孩子，也很照顾孩子，但自己很容易感到苦恼，她倾向于把自己隔离起来，假装看不到这些烦恼的存在和严重程度。她拒绝面对孩子之间的同胞竞争问题，逃避孩子的情感需要，部分原因是受到母亲汉娜的影响。在进行了大量的心理治疗工作后，瑞秋和罗伯特之间的婚姻关系逐渐恢复了以往的亲密，而且随着孩子们一天天长大，她对自己的母亲角色也处理得越来越好。尽管如此，瑞秋还是为以前的矛盾心理和行为给孩子们的童年经历造成影响而感到抱歉。

关于瑞秋的讨论

瑞秋的故事不太寻常，很多部分造成的影响都已无法拯救和挽回，我写她的故事是为了说明几点内容。对于即将成为父母的人来说，孩子与生俱来的生物性是没有办法控制的，比如孩子的性别和性格。女儿会有意识地或无意识地受到母亲的母性影响，比如瑞秋无法坚持母乳喂养、没能意识到孩子们需要依赖她，也没有很好地处理孩子之间的同胞竞争问题，在这些方面和处理上，她受到了母亲汉娜的影响。现代女性面临着家庭和事业之间的冲突问题，为了解决问题，她们通常选择做出妥协和牺牲。瑞秋经常感觉养育孩子很困难，感到气馁，甚至感觉快被孩子逼疯了，但从未认为孩子是邪恶的，而认为邪恶的东西在自己身上。她可以把自己的问题投射到丈夫和孩子身上，责怪他们，但投射并不能解决问题，只会让她更加内疚和焦虑。在瑞秋同自己的矛盾母性苦苦挣扎之时，她也经常拒绝承认和面对，选择自我麻痹，但更多的时候选择了去爱。

其他母亲可能就没有这么幸运了。尽管瑞秋和母亲汉娜早期的亲密关系受到了干扰、出现了问题，但瑞秋依然很渴望有孩子，也不惧怕怀孕、分娩和养育孩子。尽管既要照顾两个幼小的孩子，同时又要努力工作，瑞秋也常常感到沮丧和筋疲力尽，但她从来都不认为孩子会是她成功的阻碍，或者会伤害她。而且，尽管出于防御心理，瑞秋对母亲汉娜比较疏远，误认为母亲不够开放和勇敢，但仍然很清楚自己是爱母亲的，并且潜意识里在很多方面效仿母亲的做法。

在第 5 章讨论的案例中，萨拉和菲利斯是两个例外。尽管她们也倾向于认为自己做母亲失败的原因在于自己，但她们的例外之处在于她们把责备内化了。她们都有很强的投射心理，萨拉把责备投射到未出生的婴儿身上，菲利斯则是投射到孩子身上。而另一方面，丽贝卡则对三个孩子非常关心，成了一个充满爱心的好妈妈。虽然阿曼达、桑德拉、西比尔和普莉希拉都没有孩子，但我相信如果她们有孩子，她们也能以一种相对健康和负责任的方式来处理和孩子的关系。阿曼达可能不太擅长照顾婴儿，不仅是因为她早期受过创伤的遭遇，还因为她的丈夫不是很支持她想生孩子的想法，似乎并没有多大兴趣帮她照顾孩子。但当孩子稍微长大一些，阿曼达就会擅长处理和孩子们的关系了，因为她同侄子侄女的关系都很好。桑德拉也是一样，当两个侄女还是婴儿的时候，她就很喜欢她们。同样地，西比尔和普莉希拉同侄子侄女的关系都不错。不管她们曾经有多么害怕自己生出的小孩是怪兽，或者对自己做母亲的能力有多么不自信，她们都不会用这些焦虑和矛盾心理来针对孩子。她们有着强大的自我力量，会帮助自己理性地处理母性中隐藏的一面。

第 7 章

是谁的错？矛盾心理的外化

瑞秋觉得，自己对孩子们的负面情绪都是自己的错。她认为如果她能做得不一样、如果能做得更好，她的孩子就不会产生焦虑，也不会缺乏安全感。尽管她忽视了基因遗传和个人本身性格的影响，但也意识到了孩子的不同。她知道有些问题是天生的，但与许多母亲一样，瑞秋也对孩子有着完美的期待，她认为自己可以克服孩子性格脾气上的问题，不论孩子做什么，也不论他们是什么样子，她都不应该对孩子有负面心理。

有些女性的做法跟瑞秋相反，她们的态度比较偏执，把责备当作处理自身焦虑心理的办法。她们认为，她们的愤怒和烦恼都是孩子造成的，因此比起内疚，她们更多的是感到愤怒，也不在乎这些感受。她们用攻击性的行为来表达自己愤怒的情绪，不认为是自己的心理有问题，反而认为是孩子的问题。这些女性通常会把自己的心理问题投射到孩子身上，认为孩子是怪兽。

在第 5 章中，我分析了菲利斯对孩子的负面心理。菲利斯的儿子乔希很可爱，喜欢问问题，但有时候行为比较固执。菲利斯对乔希的如厕训练非常艰难，乔希怎么学都学不会，而且不管菲利斯怎么催促，只要乔希不想离开操场，就是几匹马也拉不走他。菲利斯害怕乔希会跟自己的母亲一样桀骜不驯，她认为乔希的固执是不正常的，乔希这么做似乎是为了针对她。“他为什么要这么对待我？这不是我幻想出来的，其他人也知道乔希很固执。”她告诉我。她不知道自己是因为做了什么而使乔希这样对待她，在她看来，这是一种惩罚。

在我看来，乔希聪明、想象力丰富、意志坚强，他的问题有多方面的原因：一是他的妈妈菲利斯虽然很关心他，但很有控制欲；二是乔希很担心爸爸。乔希很爱他的爸爸，他的爸爸也很爱他，但爸爸的性格比较被动消极，而且身体不太好。乔希很担心爸爸，与很多小孩一样，他也会认为自己应该为爸爸的病负责。他没法离开父母，因此也没法正常地跟其他小孩相处。他害怕是自己的攻击行为伤害了父亲，因此他紧紧地抓住自己补偿性的心理幻想，在行为上表现得无所不能，拒绝承认自己害怕惩罚和失去，拒绝承认肉体上的脆弱。“我自己能做；我能做任何想做的事情；我很强大，我不害怕。”

乔希不了解爸爸生病的原因和性质，也不清楚关注的重点，不知道爸爸的病是一种罕见的免疫功能紊乱疾病，也不清楚确切的症状。这一切都让乔希感到非常焦虑。菲利斯看出了问题，为自己给乔希带来的负面情绪和想法感到内疚，想要好好地爱乔希。实际上，菲利斯给了乔希很多爱，但她没有意识到这一点：她自己也很想要亲密的关系，但是这种需要的意识被自己屏蔽掉了。菲利斯忍不住怀疑母亲身上的一些坏品质通过“基因遗传”给了儿子乔希，她以为自己在潜意识里不会受母亲的影响。菲利斯的内心把乔希身上的一些性格特征和行为放大了，因此无法真实地看待乔希。菲利斯的母亲曾经不支持她独立，与母亲一样，菲利斯现在也无法支持儿子的独立，她无法抛掉投射的有色眼镜来看待儿子，她把自己身上最害怕和讨厌的部分投射到了儿子身上。菲利斯无法意识到乔希作为独立个体的需要，这既加重了他们之间的问题，也让乔希变得更加固执。

以我的经验来看，那些倾向于把亲子问题的原因归咎于孩子的女性，一般都不会直接因为这个问题来寻求治疗。她们通过责备他人来保持自己心理的均衡状态，为了解决亲子问题，她们惶恐不安地扮演着母亲的角色。她们没有办法接受孩子是独立个体的事实，无法接受他们有着自己的思想和感情，因此无法从孩子们做事时所特有的方法和视角来看待孩子的行为。菲利斯存在的问题就在这里。她知道自己在婚姻、家庭、社会关系和职场成就等方面都存在问题，但她却不愿承认是她导致了孩子的问题，因此无法看清问题，也无法解决问题。对于菲利斯这类女性来说，特别困扰她们的一个问题是："这是谁的错？"这些女性身上有一种严格残酷的超我意识，"超我"这个术语在心理分析中通常是指良知和道德感。在这些女性看来，她们自身和别人身上或好或坏的品质都是绝对的，她们幻想的惩罚手段都很严酷，很少原谅他人。

然而，虽然菲利斯绝不会承认儿子乔希的问题在一定程度上与她有关，但她意识到了乔希存在的问题，同意让他接受心理治疗。菲利斯和乔希都接受了心理治疗，乔希的焦虑感减轻了很多，而且随着渐渐长大和成熟，他和菲利斯的关系变得越来越融洽。

四个案例

我对四部小说中的案例故事的印象非常深刻。这些故事都跟厌童症有关，虽然故事中的母亲和孩子的矛盾各不相同，解决问题的方式也不一样，但她们都有着显著的矛盾心理。这些案例故事中的孩子们被他们的母亲们看作一种惩罚，他们代表了各自母亲身上不好的一面，比如攻击性母性、贪婪、残酷等。不论小说作者的写作初衷是否为了体现这些，他们笔下对母性黑暗面的生动描写引起了我的研究兴趣。

这四部小说或明或隐地都属于恐怖小说，它们的恐怖之处在于描写的主题都是围绕不爱孩子的母亲和让母亲讨厌的孩子的。人们之所以难以接受母性中的矛盾心理，其背后的原因是他们根深蒂固的观念，认为正常的母亲都会爱自己的孩子，孩子也会因此变得可爱。然而，现实中的情况却大相径庭，我们对此深感恐惧，难以接受。这四部小说的共同之处在于，小说中描述的“怪兽”孩子们象征的是其母亲真实的心理状态和她们身上被拒绝和否定的部分，这也是我在本章集中讨论这几部小说的原因。小说中的母亲们身上都存在不同程度的攻击性，她们的攻击性体现在孩子身上：《第五个孩子》和《凯文怎么了》讲的是母亲自身问题的外化和投射；《罗斯玛丽的婴儿》讲的是精神病；《坏种》谈的是基于早期情感创伤而导致的精神分裂。这四部小说中的母性矛盾心理的严重程度逐渐递增。

残酷的母亲和胎儿：《第五个孩子》

多丽丝·莱辛的作品通常涉及复杂的人物关系和扭曲痛苦的心理状态，她的著名小说《第五个孩子》既可以看作一则道德故事，故事中冷酷又贪婪的母亲生了一个同样冷酷贪婪的孩子；也可以理解为一种比喻象征，说明了心理治疗是如何起作用的，但后一种理解并不是莱辛写作的初衷。小说护封套上的文字写道：“小说生动地反映了主人公所在的社会对她的问题采取不愿意面对的回避态度，并最终使事件朝着最坏的方向发展。”这是一种社会政治方向的阅读理解。

按照后现代主义的观点，一千个人眼中有一千个哈姆雷特，我决定从心理分析的视角来讨论这部小说。我认为女性害怕会生出一个怪兽孩子，这体现了她们内心害怕被否定和不安的心理状态。小说的叙事线索和中心事件与心理治疗过程中的关键点有一定的相似之处。具体来说，就是指把自身不被接受的部分投射到其他人身上：在小说中，母亲把自身坏的部分投射到孩子身上，然后再返回到自身，最后痛苦地意识到自己身上的问题，并接受自己，这是构成成功的心理治疗必不可少的环节。莱辛在小说中描写了一个生了邪恶婴儿的母亲，孩子体现的是母亲的贪婪和冷酷，母亲试图摆脱孩子，但却摆脱不了。母亲和孩子之间的界线在哪里，这个问题说明的是心理困境。这个“怪兽”代表的到底是谁的贪婪和冷酷？又该如何处理呢？

在《第五个孩子》中，大龄女青年海蕊和大龄男青年戴维·骆维特（David Lovatt）由于相同的兴趣和个性走到了一起，他们都反对自私、贪婪以及20世纪60年代英国社会盛行的性开放，他们都想生一大堆孩子，过一种负责任、顺其自然且老派的生活，建立和睦温馨的家庭关系。他们在聚会中相识后很快便结婚了，在伦敦郊区买了一栋很大的老房子。莱辛用充满爱的细节体现了海蕊的母性，她六年内生了四个可爱的孩子。海蕊是在自家的主卧里分娩的，她和戴维还给主卧附带了一个育儿室，他们在那里照顾孩子们。节假日的时候，亲朋好友络绎不绝，宾朋满座，他们坐在宽敞的厨房里，吃饭聊天，说说笑笑，逗逗孩子，其乐融融，好不惬意。

> 幸福，真正幸福的家庭，就是骆维特一家。这是他们选择的生活，也是他们值得拥有的生活，贪婪自私的20世纪60年代随时准备谴责、孤立、矮化他们最好的一面，戴维与海蕊坚守信念，奋斗得很辛苦。

这是海蕊和戴维的感觉。他们实现了当时许多年轻父母的目标，他们把孩子照顾得很好，但却给身边的人带来了麻烦。比如，最开始的时候，海蕊和戴维买不起房子，也养不起这么多孩子。戴维的父亲很有钱，在他的帮助下，他们才得以买下这么漂亮的大房子。海蕊的母亲多拉丝是个寡妇，家里大部分的家务活都是由多拉丝来做。在小说中，多拉丝似乎象征着海蕊内心被忽视的真实声音。多拉丝发现女儿海蕊和女婿戴维在生孩子方面的贪婪，并且提醒他们不要这么频繁地生孩子。“多想想，我希望你们多思考一下。有时，你们真是把我吓坏了。”后来，她用更清晰的表达总结了自己的担心：“问题是海蕊眼大肚子小。”戴维也负有责任，他一方面看不起父亲的财富，但是没钱买房时却接受了父亲的帮助。双方的家庭都认为戴维和海蕊不能再继续生孩子了，至少应该等到他们的财务状况好转些，能够养得起孩子时再生。而且由于家里不断有新生儿出世，以至于前面出生的孩子出现了情感上的问题，但却没有人直接解决这个问题。

起初在描写戴维和海蕊的冷酷时，莱辛的笔触比较微妙和隐晦。小说前半部分在描述戴维和海蕊布置家庭和四个孩子出生时，循序渐进地把海蕊描述成一个好母亲的形象，而不仅仅是一个“一般奉献型母亲”。书中几乎没有提及海蕊身上贪婪、顽固和表里不一的特质，但描述的氛围却渐渐地让人越来越不安。骆维特夫妇因为有着相似的志趣而走到一起，他们都坚定地反对无所不能的心理和贪婪。例如对生孩子的贪婪，文中描述的不安的气氛意味着他们首次打破了信念。

尽管有过警告，海蕊还是发现自己再一次怀孕了——这是她第五次怀孕，从这个时候开始，小说的基调开始变得黑暗，让人感觉不妙和不安。海蕊这一次怀孕和之前怀孕时的表现非常不同。在莱辛的笔下，海蕊的这次怀孕充满了痛苦，我在第 4 章中所写的关于担心生出怪兽孩子的全部恐惧，在《第五个孩子》一书中均有体现。怀孕的母亲把胎儿想象成寄生虫，想象分娩会使她们伤残甚至死去，想象他们会无休无止地索取、不知满足、不知回报。在前面描述的案例中，阿曼达就是这样，她害怕自己会生出这样的孩子。对之前的几次怀孕，海蕊和戴维二人充满了幽默感和希望，但这次怀孕却满是眼泪、愤怒以及没说出口的埋怨。海蕊这次怀孕在潜意识中对孩子不得不放弃贪婪和全能心理（我们能够拥有全部并且做到一切）的反抗，骆维特一家焦虑不安的情绪说明他们已经开始意识到自己即将受到惩罚。

惩罚来了：这次怀孕仿佛是一个噩梦。海蕊腹中的胎儿不停地踢她，而且踢得很重。海蕊每天都很痛苦，为了跟腹中的“怪兽”做斗争，海蕊只得服用药物，或者通过疯狂地走路、跑步和工作来转移注意力。海蕊胃口很大，吃不饱，心情忧虑，喜怒无常。她觉得自己一个人在承受着这些折磨，感觉孤独，心情变得抑郁，开始怀疑周围的人。海蕊对此有偏执的解释，她的第一道防线已经就位，她已经感觉到这次怀孕的异样。

> 她的大脑里生成了幽灵和怪兽的样子 。她可能会想象科学家做实验的时候，将两种不同大小的动物结合在一起的情景，这个可怜的准妈妈大概就是这么想的。她想象孩子是个令人讨厌和恐怖的怪兽，真实得近乎可怕。

海蕊感觉胎儿想要杀死她，害怕自己无法从这场战斗中幸存下来，于是请求布莱特医师帮她堕胎，但医师却不认为她这次怀孕有什么异样。她很好奇，当孩子出生的时候，她看到的会是什么，孩子是正常的婴儿还是怪兽呢？胎儿八个月大的时候，海蕊要求在医院分娩，打麻醉药，生出了一个 11 磅（约 5 千克）的男婴，取名为班。班的样子让海蕊夫妇感到忧心忡忡。

> 他不是漂亮宝宝。应该说，根本不像个宝宝。他的肩膀厚实，背隆起，躺直在那儿都好像蜷着身体；额头很宽，从眼睛往后倾斜到头顶。他睁开眼，直直地望着母亲的脸。海蕊一直等待与这个她深信企图伤害她的“东西”面对面，但他的眼神陌生。她的心揪了起来，可怜的小怪物，他的母亲这么讨厌他。

从班出生的那刻起，大家就害怕他，不想和他亲近。唐纳德 • 温尼科特描述的母子之间的亲密关系从没有出现过。海蕊感觉班不依恋她，她也无法跟班亲近。班对海蕊的声音和其他互动没有任何回应。班从来不哭，总是愤怒地咆哮，狼吞虎咽地吮吸着乳汁，还会咬海蕊的乳头。海蕊很快就停止用母乳喂养班。儿科医生看到海蕊淤青的乳房时有点儿惊慌，但仍然不觉得班有什么问题，他试图安慰海蕊：“做母亲的讨厌孩子，不算不正常，我看得多了。”他说，很多女性跟海蕊一样，她们夸自己拥有母爱的能力，却拒绝承认自己有时候不喜欢孩子的事实。海蕊感觉这个儿科医生在责备她，暗示问题出在她身上。

尽管海蕊无法喜欢班，但她还是尽量多抱他，让他像正常的孩子一样。但班不像是需要被爱和社会化的孩子，更像是需要驯服的动物。班咬海蕊，毁坏玩具，伤害动物和他人。周围所有人都开始害怕班，家族的人也开始疏远骆维特一家，海蕊再次感觉大家在怪她。潜意识里，海蕊把班当作一种惩罚。

> 她暗自生气：我倒成了罪犯啦！她花费了太多时间独自生闷气，无法平息。她深信就连戴维也谴责她。她对戴维说：“我猜古时候，在原始社会里，人们惩罚生下怪胎的女人就是这样，好像全是她的错，但我们是文明人！”

海蕊的妹妹萨拉生出了一个患有唐氏综合征的孩子。海蕊觉得是萨拉和她的丈夫不幸福的婚姻关系“吸引”来了一个问题孩子，但讽刺的是，她并不觉得班是她和戴维“吸引”来的。海蕊把班看作一个入侵者、一个怪兽：“班凭着一己意志来到人间、入侵他们的平凡生活，面对班或他这类东西，他们的平凡毫无抵御能力。”海蕊说“这类东西”的时候，她实际指的是班的难以满足的需要和饥饿感，他对满足感有种近乎侵略性的追求。毕竟，班贪得无厌地追求满足是源于海蕊对欲望的追求——“眼大肚子小”。

很快，家里的其他人要求海蕊把班送到收容机构，不再接回来。班对家里的其他小孩造成了负面影响，让其他几个孩子与没有母亲差不多。海蕊代表了一种隐形的合理化的矛盾母性心理。她把所有精力都放在了“怪兽”孩子身上，却忽略了其他正常孩子的需要。她的合理性在于自己在保护其他孩子不受班的伤害，但如果真的是这样，那她为什么不把班送走呢？把班送走不是能更好地保护其他孩子吗？海蕊知道应该把班送走，但还是不愿意："他只是个小孩子，他是我们的孩子。"而戴维回答说："不，他不是，他显然不是我的孩子。"尽管心痛欲裂，海蕊最终还是同意把班送走。把班送走后，海蕊满是感激，感到巨大的安慰。其他几个孩子再次回到她身边，好像海蕊生了一场病，现在病好了又回来了一样。洛维特一家又恢复了以往的平静。

这个故事本可以在这里画上圆满的句号，但却没有，因为海蕊把班救了回来。为什么呢？海蕊既不想念班，也不喜欢班，但她却感到深深的内疚和恐惧，不断做噩梦。戴维和整个家族都对海蕊的做法很生气。海蕊突然意识到，班的魔性可能跟心理原因有密切的关系。她想知道"为什么她总是被当成罪人，从班出生后就是如此。现在看来，大家都在沉默地谴责她。海蕊告诉自己，我才是遭逢不幸的人，我没罪"。她感觉在大家眼里，她是怪兽班的母亲，应该为此负责，而班的父亲戴维却不用负责。海蕊把班救了回来，因为班象征着海蕊的心理问题，把班送走并不能解决她的问题，救回班象征着开始着手处理海蕊的心理问题。当她决定把班带回来时，收容所照顾班的人非常不解地看着她，仿佛海蕊跟班一样不正常。

当海蕊把班带回家时，戴维觉得海蕊给家里带来了致命的威胁。其他四个孩子非常恐惧，不敢靠近她，三个大一些的孩子赶紧搬进了寄宿学校，排行第四的保罗仍留在家里，但是非常黏人和不安。如果海蕊要不计代价地保护孩子，那她为何不保护保罗？海蕊对生孩子很贪婪，她建议戴维生更多的孩子，戴维感到吃惊，不理解他们已经生了四个孩子为何还不够。海蕊生了班，然后又不顾家人反对救回班。从某种意义上说，海蕊的做法就是在犯罪。

海蕊带班去看儿童精神科医生，医生说班的确有问题，但无能为力。尽管医生证实了海蕊的猜想，但她心里还是惴惴不安。通过证实班的确不是普通的人类，说明错不在她身上，但她却认为班是对她和戴维的惩罚，惩罚他们想要的太多、索取太多，惩罚他们的贪婪和对他人的剥削。当她意识到自己对班的问题也负有责任时，班已经是个青少年了，并且是一群逃课的不良少年的带头大哥，逐渐淡出了他们的生活，消失不见了。

…●…

莱辛在《第五个孩子》中用动人的笔触描写了母亲对怪兽孩子的恐惧，提出了一个中心问题，这个问题也是海蕊苦苦挣扎和对抗的：生了班这样的孩子究竟是谁的过错？孩子的邪恶到底来自哪里？是基因突变、基因的把戏，还是母亲把自身的缺点传给了孩子？或者，这样的孩子是对不爱孩子的母亲的惩罚？

专家认为，班是一个强壮的孩子，尽管他不是很聪明，但是很努力，而且不受母亲海蕊的喜欢。尽管他们不愿承认，但他们的确不认可海蕊，而且从小说的字里行间也能读出他们对海蕊的恐惧。班身上存在这么多问题，但专家们却没有看出来，原因令人疑惑，也可以看作一种防御心理，把孩子理想化，认为孩子是一张白纸，孩子身上的问题是父母造成的。如果孩子的父母（尤其是母亲）能够好好地爱孩子，孩子就会得到很好的成长；相反，孩子就会凋零、变坏。很明显，从社会的视角来看，一个母亲若不能爱自己的孩子，那么不仅对双方来说是不幸的，更是一种极其恶劣的罪过。

海蕊知道在别人的眼中，自己应该是负责任的一方，她的内心充满了煎熬。很长一段时间，海蕊感觉班不是正常的人类，也不是一个孩子。她的妹妹萨拉的女儿艾米患了唐氏综合征，她认为艾米虽然智力受损，但却是一个真正的小孩。艾米虽然智力低下，样子奇怪，但也有爱心，能够被管教，因此萨拉能够“忍受”别人的指摘。在海蕊心中，班却不是一个小孩，而是一个巨人、外星人、尼安德特穴居人。班不仅长相怪异，而且毫无爱心，身上没有任何海蕊的影子。对于别人的指摘，海蕊觉得特别冤屈（“我才是遭逢不幸的人，我没罪”）。然而，如果班真的不是人类，那海蕊为何又不愿把班送走？她为何愿意冒着毁掉家庭的风险把班救回来？海蕊不想承认自己对班有责任，也不愿承认自己对班的依恋，但不承认也是没有用的。尽管这看起来似乎很不可能，但班终究是海蕊的孩子。海蕊相信孩子都是神圣的，她对孩子有很多期待，不能眼睁睁地看着班死去。不过，如果她拯救了班，那她的家庭就会不复存在，她一直视若珍宝的梦想和理想也会灰飞烟灭，一切看起来似乎是个难以解决的困境。

如果我们把海蕊的困境看作内在的心理问题，似乎可以更好地理解这个问题。我们从小说中可以看出，戴维和海蕊夫妇在生孩子方面既贪婪又不近人情，他们曾被警告和建议不要再继续生孩子，但仍然顽固地我行我素。班象征了戴维和海蕊无法控制的贪婪和冷酷。戴维和海蕊夫妇想要更多的孩子是为了去爱他们，还是为了能拥有他们？

海蕊从第五次怀孕开始，她就对这次怀孕感到不自在，不喜欢腹中的胎儿，不喜欢生出的婴儿。她很快就察觉这次怀孕是个错误，认为胎儿在毒害她，但仍然没有堕胎。她无法摆脱孩子，但同时又不愿将孩子看作自己拥有的一部分。而不管是胎儿时期、婴儿时期还是少年时期的班，代表的都是攻击性和贪婪。班就像是一幅惊悚的讽刺漫画，展示的是他父母身上隐藏的缺陷和黑暗。而且，海蕊是个贪婪的女儿，在她不断怀孕生子的过程中，她剥削母亲多拉丝帮她照顾孩子。

儿科医生和儿童精神科医生都把海蕊看作一个不爱孩子的母亲，收容所的看管和精神科医生认为她和班是一样的。很明显，他们都认为海蕊有问题。班是海蕊和戴维共同的孩子，而为什么都认为责任在海蕊身上？或者，为何戴维在心理上可以如此容易地跟班撇清关系，而海蕊却不能？

班是海蕊的问题所在。如果我们把班看作海蕊的内心状态，那班代表的是海蕊自身无法忍受的部分。海蕊把自身的问题投射到班身上，但却是失败的投射，尽管把问题投射给了班，她还是无法摆脱自身的冲动和一些厌恶的行为，因为她想控制班表现出这些问题。按照更确切的心理学说法，海蕊的行为应该叫作投射性认同。因为对于单纯的投射来说，成功的投射是指当事人认为问题过失在于对方不在自己，通过把自身的问题转移到他人身上从而得到解决。当事人把自身投射的感觉、愿望、行为、幻想或者性格全部看作别人的，将其转移到别人身上，并认为是别人的原因导致了问题。出现成功投射的频率比我们想象的要低，一般都是投射性认同。投射性认同是指把自身不好的心理或者行为转移到他人身上，并且继续为他人的问题担心或者参与其中。

海蕊救回班的情节是小说的转折点，象征着内在转变的开始。在海蕊的潜意识中，她无法把班送走，或者无法把班象征的自己身上存在的不好的那部分特质送走。最开始的时候，海蕊对周遭的人表现出的态度和孤立感到愤怒和偏执；而当她后来意识到自己的贪婪和冷酷时，她日益感到遗憾、伤心和不幸。海蕊在这两种心境里来回徘徊，心境的转变过程需要时间。在海蕊把班从收容所接回来后，家庭变得破碎，她甚至还幻想过要生更多的孩子，说明这个时候海蕊出现了暂时性的倒退，希望通过不切实际的办法来解决问题。如果她能生出正常的孩子，就能够证明她是正常的，内心没有邪恶或者过错，性格也不扭曲，从而能够忽略班这个“错误”，继续生一些正常的孩子。但是，她最终打消了这个愿望。她告诉戴维：“我们在为自己的信念与作为负责，我们原本成功的机会很大。嗯，尽其可能。”这句话说明，海蕊承认了自己什么都想要的心理。

我把海蕊的经历看作一种悼念。当她意识到班代表的是自己的问题，是自身不被接受和不喜欢的部分时，她不再需要将班作为自己心理投射的储存室——这也是小说中班最终消失的原因。至于海蕊为何要拯救班，我的理解是，班代表的不是他自己，而是代表海蕊内心存在的问题，她需要解决这些问题，否则还会生出更多的像班的孩子。

戴维作为班的父亲，并不认同海蕊的内疚和遗憾。虽然戴维是个成年人，是家里的经济支柱，但他把班看作外星人，而不是自身的某个部分。父亲同样害怕从子女身上看出自己的邪恶，也许在其配偶怀孕时，所有的父亲都会有这样的幻想。尽管如此，我还是认为，由于孩子在母亲的身体里生长，因此母亲会比父亲更加担心生出怪兽孩子。而且在其他人看来，生出怪兽孩子的原因主要在于母亲。

所有的孩子都是母亲生出来的，怪兽孩子也不例外。所有的人类关系中，母亲和孩子的关系是在情感、文化和艺术上最受关注的。母亲和孩子的关系会激发敬畏之情，会引起期待，还会引起妒忌和害怕，甚至是恐惧。期待和敬畏很好理解，妊娠和分娩都是伟大的创造性活动，能够给人启发和救赎的力量。而且从精神分析学家唐纳德·温尼科特的观察中，我们能够看出，孩子的存活、孩子身上核心的人性特点，都是受扮演母亲角色的人影响而形成的。

我们不难理解人们对创造力量的妒忌，人们妒忌女性的身体具有孕育生命的力量。弗兰肯斯坦博士就有这样的妒忌。人们都会妒忌自身没有或者得不到的东西，几乎所有的男性都会妒忌女性有繁衍后代的能力。另一方面，害怕和恐惧体现了我们对母性的黑暗面和隐藏面的感觉。我们希望看见和愿意相信的是一个有爱心的麦当娜和她活泼可爱的孩子，而不是一个愤怒的巫婆和她贪得无厌的恶魔孩子。

考虑到文化对母性中黑暗面的偏见，母亲和孩子关系中有两个方面深深地困扰着我们：排他性和驱动性。排他性会引起嫉妒，驱动性会引起恐惧。“怪兽”这一概念中隐含着“太多、过量”的意思，以及不可更改、无法控制和无法被升华的行为和感情。比如班、弗兰肯斯坦博士的怪物、德古拉伯爵、《异形》中的生物，他们都异常地强大，都有超人类的驱动力。他们的驱动力不仅贪婪，而且残酷无比。他们胃口巨大，例如德古拉伯爵和他的吸血鬼、班以及海蕊怀着班时填不满的胃口；他们繁衍不尽，例如《异形》电影中的生物；而且他们还有无穷无尽的欲望。他们身上的驱动力与人类的不同，人类有对其发展至关重要的驱动力，比如找到同类、建立情感、获得认同。班为了更好地满足自己的需要，他模仿他的哥哥姐姐，向他母亲学习，但从未对任何人或者任何人类产生认同感。

让人不安的不仅仅是具有怪兽特征的班，还包括班的母亲海蕊。母亲和孩子的关系有着不容置疑的力量，对我们的生存至关重要，例如小说中海蕊会去救班。同样地，这种关系还是排他的，排他性会滋生恨意。

在托妮·莫里森的小说《宠儿》中，塞斯为了不让孩子被带走沦为奴隶，亲手杀死了自己的孩子（见第 2 章），警方逮捕了塞斯却没有对她执行死刑。那个时候，如果黑人女奴隶杀死了其他人，她会被吊死。她的生死权不在警察手中，而在于人们恐惧和逃避的感觉。在潜意识层面，我们感觉塞斯有权这样做，因为孩子是她的一部分：孩子曾经是她身体的一部分，现在与她有着紧密的情感联系。一个人切掉自己的腿不会受到惩罚，只可能被送到精神病院去。当然在现实生活中，杀害自己孩子的女人会受到法律的惩罚，但是在托妮·莫里森的这部小说中，影响警方决定的是对塞斯犯罪行为的怀疑和歉疚。书中隐含了一种理解，认为孩子是母亲身体的一部分，因此属于母亲，母亲可以按照自己的意愿来处理孩子。这种理解作为我们潜意识的一部分，也许能够解释为什么有些母亲会离开孩子，导致她们和孩子都产生了严重的心理问题。在《宠儿》中，警察之所以感到歉疚，也许是因为他们觉得自己的行为干扰了塞斯对孩子的保护，非法地侵入了禁地。

一个拥有思考和想象能力的物种能够生殖繁衍是一件神奇的事，令人敬畏。母亲和孩子的纽带在宗教意象中是非常关键的元素，不仅有充满爱的麦当娜和她活泼可爱的孩子，而且有各种类型的神，她们的孕育都有爱护和毁灭的神奇力量。这种爱护和毁灭的意象既包含了母性中救赎的一面，也包含了母性中毁灭的力量。

邪恶和复仇:《凯文怎么了》

写这本书的时候我正在加拿大度假，当时我很喜欢听加拿大公共广播。在开车去渡口坐船回美国的途中，广播中主持人们正在讨论一本最近出版的书，书中的故事吓坏了这两位主持人。其中一位主持人说："这部小说涉及的是一个禁忌的话题，讲的是一个女人不喜欢自己的孩子。小说中的母亲无法爱自己那像怪兽一样的孩子。"我抓起笔，记下了这本小说的信息，都没有意识到后面的车在不停地按喇叭。这本小说的作者是莱昂内尔·斯韦弗，小说的名字叫作《凯文怎么了》。读完这本书后，我同样感到不安，这比我以往读过的文学故事更加让我不安。我之所以感到如此不安，原因是这本小说的笔调充满了绝望，书中的母亲和孩子的恨意一直存在而且无法解决，让每个母亲都忧心胆寒。

小说《凯文怎么了》中的故事元素与《第五个孩子》中的故事元素在某些方面是相似的，但前者救赎的意味更少，而且后者的问题得到了解决。《凯文怎么了》中写的是，一个因为意外怀孕而不得不成为一名家庭主妇的母亲伊娃·卡特查多润和她的孩子凯文的故事，凯文很不让人省心，他对母亲的关怀无动于衷。书中提出了几个难以解答的问题：当一个母亲发现自己无法爱自己的孩子、害怕或者讨厌自己的孩子时，她要怎么做呢？当一个孩子知道自己不爱母亲、母亲也不爱他时，他要怎么做呢？这样的情况有解决的办法或者补救措施吗？

伊娃跟海蕊不一样，她一开始就不确定自己是否想要孩子，她认为生孩子是件枯燥无趣的事情，而且没有做母亲的冲动。

> 我一直听说有一种压倒一切的冲动和让人麻醉的渴望，使没有孩子的女性不由自主地走向公园里陌生人的婴儿车。当我 30 多岁时，我没有做母亲的热切，我担心自己是不是有问题，是不是少了些什么。

对于自己没有想要孩子的念头，伊娃心里很在意，但这似乎更多地体现了她难以接受自身的弱点或失败——“少了些什么”，而不是欲望的冲突。伊娃的丈夫想要生孩子，伊娃满足了他的心愿，怀上了孩子。伊娃在孕期没有多少难受的妊娠反应，但当别人看着她的时候，她觉得别人的目光充满了厌恶。

> 你是否留意过有多少电影将怀孕描述成一种感染和隐形的殖民？《罗斯玛丽的婴儿》仅仅只是个开端；《异形》中邪恶的外星人爬出了约翰·赫特的肚子……不好意思，这些电影都不是我编造的故事，任何牙齿腐烂、骨头消瘦、皮肤肿胀的女人都知道带着个九个月大的不速之客有多么令人羞耻。

一个期待生孩子的女人是不会有以上感觉或者想法的，只有那些惧怕怀孕和孩子的女人才会这样想。

伊娃身上最突出的一个特征是她对危险的反恐惧反应。伊娃的母亲是 1915 年土耳其发生的亚美尼亚大屠杀中的幸存者，患有广场恐惧症，从来都不走出家门半步。伊娃不希望自己和母亲一样，她会去做那些让她害怕的事情，做母亲就是一件让她害怕的事情。即使是在难产时，她也拒绝使用硬脊膜外麻醉剂，因为不使用麻醉剂就意味着她“赢了”。但是她在分娩时阵痛难忍，她说：“在凯文出生的那一瞬间，我从他身上看到了自己的局限性，我不仅很痛苦，而且我失败了。”

尽管有这些担心，伊娃还是想去爱凯文。但她感觉，从凯文出生的那一刻起，凯文就一直在拒绝她。凯文拒绝吃她的乳汁，不仅是最开始的时候——很多婴儿在刚出生的时候因为太过疲累而不愿进食，他一直都不愿意吃。不管伊娃用什么方法喂凯文，他都不喝母乳，而只喝伊娃的丈夫用奶瓶喂的配方奶粉。伊娃说：“他能闻出味道，能闻出来是不是我的奶。我也许不应该认为凯文在针对我，但我如何才能不这样想呢？他拒绝的不是母乳，而是他的妈妈。”

有趣的是，人们最近对婴儿的研究发现，婴儿的确从出生时就能闻出是不是自己母亲的乳汁。如果把两块棉布浸在乳汁里，一块浸在婴儿母亲的乳汁里，一块浸在其他人的乳汁里，把两块棉布放在他的头的附近，婴儿就会转向用母亲的乳汁浸泡过的棉布。

毫无意外，伊娃感到很郁闷。产后抑郁通常跟母亲对孩子的矛盾心理有关，跟她们不堪重负的心理有关，还跟外界对她们没有达到理想标准的苛刻评价有关。大部分女性都会从抑郁中走出来，成为一个非常爱孩子的母亲。产后抑郁症说明母亲和孩子的关系出了问题，但并不意味着她和孩子的关系就一定没有办法改善。

伊娃觉得不论自己做什么都无法安抚或者满足凯文。当她单独和凯文待在一起时，凯文会一直哭，充满了愤怒和敌意，只有当她丈夫喂他和抱他的时候，他才不会哭。《第五个孩子》中的班虽然也充满了愤怒和敌意，但是愿意吃母亲海蕊的母乳，而且在某种程度上，当海蕊教他生存技巧的时候，班愿意听从海蕊的教导。班和凯文这两个不爱母亲的孩子都不想和母亲建立亲密的关系，但班更像是一个需要被驯服的动物，而凯文的所有行为都太像一个聪明的人类。凯文似乎从一出生就充满了恶意，满是怨气和仇恨。如果存在一出生就患有精神病的孩子，凯文就是这样的孩子。凯文对伊娃的付出无动于衷，毫无情感，残忍冷酷，让人胆寒。

一个孩子怎么会这样呢？是最初的矛盾母性有如此大的破坏力吗？还是因为他的母亲不爱他，内心愧疚痛苦，从而需要用这样的方式来看待他？伊娃伤心地描述了自己不爱凯文，承认自己有这样的情感是不对的。但伊娃无法容忍失败，不能爱自己的孩子是一种失败的表现，伊娃是放弃尝试了吗？

伊娃的丈夫富兰克林喜欢凯文，并认为凯文没什么毛病。伊娃认为，富兰克林喜欢孩子、想要孩子，并不在意凯文真实的样子。在伊娃眼里，凯文的众多行为都是在折磨她，比如：过了入学年龄依然拒绝使用卫生间，不吃她做的食物，用装了紫墨水的水枪把她新装饰的书房搞得乱七八糟，欺负和羞辱其他孩子等。而在富兰克林眼里，凯文只不过是淘气了点儿，而且妈妈经常责备他。伊娃和富兰克林对凯文的看法很不一致，导致问题难以解决，所有的尝试都失败了，包括使用专业的途径都不奏效。小说在评价伊娃和凯文谁是谁非时出现了分歧。

伊娃坚持再生一个孩子，想要看看她不爱凯文仅仅是她无法爱凯文，还是她无法爱所有的孩子。当第二个孩子西莉亚出生后，伊娃跟她之间建立了强烈而积极的互动关系。西莉亚跟凯文完全不同，西莉亚被动、敏感，不但回应父母的爱，甚至还爱凯文。但凯文没有回应任何人的爱（不论是爸爸的还是妹妹西莉亚的爱），而且进入了青春期后，凯文的愤怒和仇恨有增无减。凯文弄瞎了西莉亚的一只眼睛，在他 16 岁生日的前几天，他对自己所在的高中展开了一场大规模的谋杀，杀死了八名学生和一位教师。他杀害的人都有共同的“罪过”：有爱的能力，而且对生活中的某些事情感到热爱。而凯文身上没有这些特质，他妒忌他们，想要毁掉他们。在这次大规模杀人行动中，凯文最后杀掉的两个人是他的爸爸和妹妹。

伊娃责怪自己，但她和读者都无法解释凯文如此暴戾的原因。很多女性不希望生小孩，或者讨厌怀孕，但最终都会爱自己的孩子。我的一个好朋友告诉我，她一直坚定地不要孩子，结婚后为了丈夫，她不太情愿地生了孩子。几个月后，她给我写了一封信，信中描述她当母亲的感觉有多么美妙，她有多么喜欢孩子，而且还想多生几个孩子。她最后一共生了三个孩子。她喜欢动物和孩子，是残疾学校的教师。她起初不敢生孩子，担心潜意识里对自己母亲的认同感会超过自己的母爱能力。

另一个朋友曾经这样向我描述她的第二个孩子："我的儿子出生的时候像个愤怒的海龟。我心里想，天啊！什么鬼？"她的孩子出生后就比较难管教，固执、好战。她很清楚地记得她的女儿"从第一天起"就比儿子更可爱，但她还是积极地跟儿子建立感情，照顾儿子的需要。我这个朋友在心里想要爱她的儿子，想要和他建立亲密的关系，这些年来尽管经历了很多困难，但随着儿子逐渐长大和成熟，他们的关系有了很大的改善。

我这两个朋友的经历都是母性矛盾心理的正常反应。母亲偏爱某个孩子的现象并不少见，虽然很多母亲都不愿意承认，把这种表现看作犯罪。一个女人因为某些原因，比如孩童时期不幸的经历或者无法认同自己的父母，从最开始惧怕做母亲到后来享受做母亲，这样的例子也不罕见。罕见的是孩子从一出生就这么讨厌自己的母亲，而孩子通常都是从一出生就会喜欢自己的母亲的。孩子都需要爱他们的母亲，哪怕是很糟糕的父母，孩子也会爱他们，只不过长大了会模仿他们。然而，凯文一次又一次地拒绝伊娃，对此，伊娃说：

我求求你，我求求你理解我有多么努力地想要做一个好妈妈。但努力想做一个好妈妈不等于是一个好妈妈，就像想要过得开心不等于真正开心一样。当他靠在我胸前时，我一点儿也不相信，我会诚心诚意地抱着我的儿子。

她的努力没有用。伊娃假装自己爱凯文，凯文也知道伊娃的尝试是虚伪的。伊娃自己也承认“比起相敬如宾、礼貌客气，恨和愤怒中包含的爱意更多”。而实际上，当伊娃显示自己的愤怒和恨意时，凯文反而更尊敬她。凯文不相信虚假或做作的爱，而伊娃一般都是这样去爱凯文。凯文的父亲富兰克林爱的则是凯文自身所体现出来的男性形象，而非凯文本身。

人们对这种恐怖局面的一种解释是：母亲和孩子之间的爱是后天培养的，不是天生的。母亲和婴儿的直觉从一开始就存在，并且会一直对后期产生引导作用。婴儿两个月大时会用微笑来回应母亲的爱，母亲觉得所有为孩子付出的辛苦和努力都是值得的。在正常的情况下，大多数母亲会忘记分娩的痛苦，她们也不会太过在意哺乳期的辛苦，不会计较孩子有多么吵闹，自己有多少个无眠的夜晚。当婴儿经过前一两个月的心理混乱期逐渐安定下来时，他们和母亲之间的积极互动就会形成良性循环，有助于培养稳固积极的亲密感情。

依恋理论之父约翰·鲍尔比（John Bowlby）曾说：“正如婴儿需要感觉自己属于母亲一样，母亲也需要感觉自己属于她的孩子，只有当母亲的这种感觉得到满足，她才能轻易地让自己投入到照顾孩子的工作中。”母亲和孩子之间的依恋程度有时候超过了正常的范围，有时候没有达到正常范围，有时候又比正常的依恋更为混乱。凯文和母亲伊娃之间的依恋基础完全是负面的，双方都只相信对方的恨意。小说之所以如此恐怖是因为凯文与其他小孩不一样，他根本不给伊娃做好母亲的机会。对于所有女人来说，不论自己有多么努力都得不到孩子的喜欢和认可，这简直如同噩梦一般。伊娃很快就败下阵来，她对此既无法容忍也无法原谅，不过似乎从一开始就已经为时已晚。而且，伊娃也无法消除矛盾的母性心理，因为凯文不断地折磨她，比如弄瞎西莉亚的一只眼睛。当时，西莉亚的眼睛进了一点儿脏东西，凯文就用碱液给她清洗。再后来，凯文杀害了西莉亚，把西莉亚的玻璃假眼挖了出来，并在狱中把这颗假眼给伊娃看，算是对伊娃偏爱西莉亚的报复，他需要深深地伤害伊娃。

我在文章前面提出了几个问题：当一个母亲发现无法喜欢自己的孩子时，她要怎么做呢？当一个孩子不喜欢自己的母亲时，他要怎么做呢？对于这些让人痛苦的问题，我有一些想法，但是还没有最终的答案。在现实生活中，一些女性若遇到这样的困境，她们会为自己和孩子寻求帮助，但正如我在文章前面所提到的，无法喜欢自己的孩子或者不被自己的孩子喜欢如同恶劣的犯罪一样，尤其是在当下盛行孩子崇拜的文化中，很多女性难以启齿，羞于承认。伊娃的丈夫认为她应该“去寻求帮助”，但她拒绝考虑心理治疗。不过伊娃愿意对凯文负责，使问题得到了一点儿解决。伊娃感到很内疚，承认她跟凯文一样，都没有给予双方的关系第二次机会。尽管凯文杀害了她的丈夫和女儿——她最爱的两个人，她也不会完全抛弃凯文。她定期去监狱探望凯文，并且承诺会在家里给他留一个房间等他刑满释放时回来。伊娃和海蕊一样，都为自己的母性矛盾心理和行为所导致的后果承担责任，但我却无法像解读《第五个孩子》那样来解读《凯文怎么了》中的故事，因为班的冷酷和贪婪是海蕊身上不被认可的思想和行为的投射；而在《凯文怎么了》中，凯文的恶意和仇恨似乎真的是他自己的原因，不论伊娃怎么自我修正和改变都没有什么意义。

然而，与弗兰肯斯坦博士创造的怪物一样，尽管伊娃不爱凯文，但凯文仍然依恋母亲。当他把西莉亚的玻璃假眼给伊娃看时，伊娃很认真地警告他，告诉他如果他胆敢再做这样的事，她将永远不会再来看他。伊娃下一次探监的时候，凯文亲手做了一个木制的小棺材盒，把玻璃眼珠装在里面交给伊娃，请求伊娃将其拿去埋葬。这是凯文表达“不要彻底抛弃我”的方式：即使是一段充满了恨意和问题的关系，也比没有关系强。恨一般都是爱失望后的结果，基于人类依恋的本性，尤其是母亲和孩子之间的依恋，无论什么关系都好过绝对的冷漠。不管凯文和伊娃之间的关系存在多少问题，他们都没有对彼此冷漠淡然。

围产期精神病:《罗斯玛丽的婴儿》

伊娃提到《罗斯玛丽的婴儿》是一系列恶魔电影的“开端”，电影里面的孩子不断侵扰他的母亲，直至她发疯。在拍摄这部电影之前，有《科学怪人：弗兰肯斯坦》和《吸血鬼伯爵德古拉》等小说都涉及这个主题，但形式更为隐蔽和成熟。然而，不论人们如何看待《罗斯玛丽的婴儿》的文学价值，这部小说和翻拍的电影造成的影响如同燎原的烈火一样，取得了很大的成功。在它之后，许多类似的电影登上银幕，例如《驱魔人》(*The Exorcist*)，片中的孩子不像秀兰・邓波儿（Shirley Temple）或小公子方特洛伊（Little Lord Fauntleroy）那样美好可爱，而是举止怪异，被恶魔附体。也许在这个核后文明和经历了大屠杀的世界里，大规模死亡和毁灭的现实给人类的意识留下了痛苦的记忆，难以想象的部分更为真实。在这里，“难以想象的部分”指的是类似孩子身上的邪恶和恶意之类的东西。这类主题为什么对现代观众有这么大的吸引力？人们似乎只要把难以管教的“普通”孩子装扮成邪恶的魔鬼，就很容易引起观众的厌恶和憎恨，同时厌恶并反对孩子因苛刻的需要给他们的母亲造成的折磨和困扰。

《罗斯玛丽的婴儿》中的罗斯玛丽非常渴望生个孩子，但她的孕期从一开始就不怎么顺畅。小说设计的情节解释是，这和她自私的个性以及丈夫盖伊的野心有关。他们有两个邻居是撒旦崇拜教成员，盖伊和他们做了一个交易，答应让妻子为撒旦崇拜教生一个恶魔孩子，而作为交换，他将会获得事业上的成功。

如果我们单看情节线索，《罗斯玛丽的婴儿》是个肤浅的恐怖故事。但从心理分析的视角来看，如果我们把故事情节倒过来，就能更好地理解其中的母性矛盾心理，可以把故事看作患了围产期和产后精神病的女性在孕期的幻想。我们可以把小说中的罗斯玛丽看作恐惧和焦虑的女性，她把对自身的破坏性的恐惧投射到了未出生的孩子身上，然后又投射到了外部世界。在罗斯玛丽的意识中，她期待孩子的到来，并且会不计代价地保护孩子。但潜意识中，她又害怕孩子的邪恶以及自己的邪恶。小说中没有对罗斯玛丽的恐惧心理提供任何解释，毕竟这是一部恐怖小说，不是心理分析小说。

怀孕不断地给罗斯玛丽带来了数不清的痛苦，她胃口大变，吃不下饭，反而很想吃盐和生肉。

> 痛苦越来越强烈，难受到使罗斯玛丽感觉体内有某种东西被停止了。她感觉痛苦一直都在她体内，而且现在已经将她包围：痛苦就是她所处的环境，就是她度过的分分秒秒，就是她所在的整个世界。罗斯玛丽感觉麻木和筋疲力尽，她开始变得嗜睡，吃得也更多了——而且吃的几乎都是生肉。

有一天半夜，罗斯玛丽发现自己在吃生鸡心，她的嘴巴和手指沾满了鲜血。她开始呕吐。小说这部分描写的是罗斯玛丽的内心状态。罗斯玛丽感觉腹中的胎儿充满了破坏性，仿佛自己已被胎儿支配，而且，胎儿使她产生了邪恶的行为和欲望，她想要把这些邪恶的行为和欲望都吐出来。罗斯玛丽有了这些想法，而且幻想比较严重，开始感觉痛苦在她体内，自己被痛苦包围，说明她已经失去了控制，出现了精神分裂和病态戒断症状，有患精神病的征兆。

罗斯玛丽怀孕到第四个月时，痛苦的感觉没有了，腹中的婴儿开始活动，她的状态似乎在好转。但按我刚才说的，如果把这本小说倒过来重读，这只是症状发生改变的标志而已。罗斯玛丽看到的不再是胎儿或自己的破坏性冲动，而是外界的破坏性冲动。她发现之前对她和腹中胎儿不利的“情节”，现在都变成了有利的帮助。巫婆想杀掉孩子，用它的血和肉来进行变态的仪式。食人魔是他们，不是吃生鸡心的罗斯玛丽。罗斯玛丽变得越来越偏执，一切都合情合理，所有人都想偷走和毁掉她的孩子。

罗斯玛丽拼命地想逃跑，但分娩的时候到了，她被注射了一针后在家里生下了孩子。她陷入了昏迷，在昏迷中她跟孩子道歉，抱歉没有用自然的方式分娩。当她醒来的时候，有人告诉她孩子夭折了，而她得了产后精神病。她被下了麻醉药，乳房每隔一定时间就会被抽吸，她不知道乳汁的去向。因为在我看来，对怪兽孩子的幻想是围产期精神病的一种表现，因此我对小说有不同的解读。罗斯玛丽忍受了怀孕和分娩的所有经历，用母乳喂养一个她无法认同的孩子，或者是用更常见的做法——拒绝母乳。

小说后面的部分可以看作罗斯玛丽渐渐走出产后精神病状态的过程。大约一个月后，罗斯玛丽开始听到婴儿的哭闹声，而且当她听到孩子的哭声时，她的乳房就要溢乳。她开始确信孩子还活着，整个人充满了母性。她告诉自己，孩子身上可能有一部分是邪恶的，但孩子也是她的一部分，因此孩子身上也会有善良的部分。罗曼・卡斯蒂维特（Roman Castavets）原先是罗斯玛丽幻想中的元凶，现在开始鼓励她，指出孩子对她的声音有回应，她是个好母亲。罗曼・卡斯蒂维特表达的真实意思是，罗斯玛丽能够做一个好母亲，她母性中不好的一面不会永久性地伤害她的孩子。

莱斯利

孕妇莱斯利来找我做过短期的治疗。她 30 岁，曾患有临床忧郁症，并通过药物治愈了。由于怀孕，莱斯利只好停服抗抑郁药物，情绪又变得焦虑和不稳定。她担心自己会得产后抑郁症，无法很好地照顾她的孩子。

莱斯利聪明，多才多艺，但曾经是个“问题少女”。她对自己的女性身体感到不自在，变得非常叛逆，认为自己不够美，就用毒品和酒精来弥补这一切。因为怀孕，她的研究生学习生涯只得中断，她担心自己会怪罪孩子带来的干扰，但更担心的是自己女性生活的失败。她觉得父母和兄弟姐妹都对自己这方面没有信心，认为她有问题。

分娩和早期的哺乳对莱斯利来说很困难。宝宝花了很长的时间才养成了稳定的睡眠周期，莱斯利的丈夫虽然很担心她，也很爱她，但能够提供的帮助有限。在她怀孕后期和孩子生下来的几个月里，她每个星期都要和我见几次面。当孩子三个月大时，莱斯利和丈夫按照原计划搬到其他地方去了，我们的治疗只好中断。但那个时候莱斯利已经和宝宝形成了合适的睡眠周期，也不再担心自己会再度陷入抑郁和失败。

莱斯利的心理治疗取得成功的重要原因是我刚跟她接触时，并没有像她母亲那样觉得她会把事情搞糟，我一开始就没有这样的心理预期。当然，莱斯利对母亲的态度的顾虑也许投射出她担心自己的母性能力，我作为她母性的替代角色，坚持要求她关注自己的感受，同时要对自己的能力有信心，帮助她避免了和罗斯玛丽一样的命运。

早期的创伤和分裂：《坏种》

海蕊、伊娃和罗斯玛丽这三位母亲的孩子都有严重的问题，她们为此而挣扎，但她们表现出的行为的心理意识的程度不一样。海蕊不承认是自己身上贪婪的欲望投射到了孩子身上，但后来慢慢意识到问题出在自己身上，用一种痛苦但实际的方法解决了问题。另一方面，伊娃没有意识到自身的问题，或者没有发现内心的冲突所在，而是把自己对儿子的厌恨看作真实的回应；而且，她为儿子的行为负责，没有抛弃儿子，希望利用儿子对她矛盾的依恋来控制他报复性的行为。她们两位的做法都是基于现实层面。

而困扰罗斯玛丽的，似乎更多的是一些让人惊悚的和神秘的东西，她从一开始就精神失常和排斥母性，直到最后成为一个好母亲的过程也是很神奇的经历。小说既没有间接地暗示，也没有直接地说明她的行为动机，因此从心理学的角度来说，罗斯玛丽的故事更像是童话。在作者艾拉·莱文的笔下，罗斯玛丽是一个对孩子充满了爱的准妈妈，不过被外来势力控制了。艾拉·莱文赋予了小说中人物偏执的视角，既没有交代人物内心的冲突是否已经得到解决，也没有进行任何相关的暗示，就让剧情反转：罗斯玛丽接受了自己的孩子。

威廉·马奇的作品《坏种》在他去世后成为畅销书。他对心理分析很感兴趣，也曾进行过心理治疗，他的小说用心理学上让人信服的方式描述了克里斯汀·潘马克的矛盾母性的根源和演变。《坏种》讲述的是一个曾经受过严重创伤的母亲（克里斯汀·潘马克），因曾目睹兄弟姐妹被自己的母亲杀害，以至于产生了精神分裂，导致记忆被压抑。克里斯汀的内心冲突使她在处理和女儿罗达的关系时有一定的攻击性和“幸存者内疚感”，从而导致了悲剧的结果。

早期遭受过的严重创伤使克里斯汀变得精神麻木，严重地干扰了她对孩子的理解能力，比如她无法真正弄明白孩子的精神有多么不正常。我之所以把克里斯汀当作矛盾母性的例子，原因是尽管她有一些好母亲的“行为”，但她麻木，缺少情绪察觉，证明了她对孩子的母性严重缺失，这比讨厌孩子还要糟糕，因为讨厌孩子至少还能说明母亲和孩子之间存在着什么关系。

罗达对于克里斯汀来说是谜一样的存在。罗达爱干净，守秩序，有一种让人不解的独立，似乎对她的母亲和其他人都没有好感，对此她也不在乎。她在乎的是获得有趣的玩具、珠宝和奖项，为了达到目的，她利用自己的魅力和手段，有时甚至会杀害他人。故事开始于一次学校组织的野餐上，她杀害了班上的同学克劳德·戴格尔，原因是克劳德赢走了罗达认为本应该属于她的书法奖章。在故事的结尾，罗达想要杀害看门人勒罗伊，因为担心他会泄露是她杀害了克劳德的消息。

罗达像是一幅讽刺贪婪欲望的漫画，又像一个被欲望驱使的非立体的生物。除了被看门人威胁要泄露她杀害同学的事之外，她没有任何的愧疚和焦虑感，似乎也不需要任何的人类关系。当受到挫败时，她不会生气；而当她达到自己的目的时，她的开心似乎也不会表达出来，有点儿反常。当她想要什么东西，她会不择手段地去争取；但因为她不会同情周围的人，无法跟他们保持和谐的关系，因此即使达到了目的，她也不会真正地感到开心，没有人分享她的快乐。

克里斯汀担心自己有暴力倾向，她的朋友莫妮卡·布里德洛夫（Monic Breedlove）注意到了她的忧虑，认为这是由于她潜意识里很关心这个话题，因为她常常跟悬疑作家朋友聚会。看门人勒罗伊在卑劣和贪婪方面跟罗达有一拼，在他眼里，克里斯汀是个消极和受虐者的形象，他可以占她便宜。莫妮卡和勒罗伊对克里斯汀的看法都是对的。在克里斯汀的内心，既有暴力的一面，又有想要屈服的冲动，但这些她自己不想知道。

虽然克里斯汀一直有隐约的直觉，对罗达和她自己也有不详的预感，但她拒绝相信是罗达杀害了克劳德，直到看到罗达对克劳德的死漠不关心，她无法再继续视而不见，不得不关注自己的直觉和担心。小说中发生的一系列事情将罗达表现为一个习惯性杀人犯，克里斯汀认为，如果罗达真的是习惯性杀人犯，那她会很想知道自己是不是被领养的；如果罗达真的是领养的，那么她的亲生父母也可能是习惯性杀人犯。

罗达扭曲的性格是基因遗传的，她是一个“坏种”，这是小说创作的前提。克里斯汀试图通过阅读以前关于习惯性杀人犯的故事来了解罗达，她看到了一个名字：贝西・登克尔，这个人就是她的亲生母亲。通过梦境和恢复的记忆，克里斯汀逐渐地弄清楚了自己令人震惊的历史。

为了获利，贝西・登克尔杀了一辈子的人，最后被一个亲戚发现了。为了陷害这个亲戚，证明自己的清白，她杀害了自己的孩子，克里斯汀由于躲了起来而逃过一劫。克里斯汀是这场家庭大屠杀中的幸存者，也是“坏种”的携带者。罗达就是贝西的化身。

对于自己的发现，克里斯汀心情复杂。起初，她感到轻松，因为她不用再藏在潜意识的背后，其实在她的潜意识里，她已经相信了这个真相；而现在，她的意识也终于承认了。在我看来，《坏种》写的不仅是罗达，因为从克里斯汀的角度来看，罗达不仅是一个活生生的角色，更是她内心挣扎的原因。克里斯汀怎么会没有注意到罗达身上缺失的东西？怎么会注意不到她们之间不正常的关系？克里斯汀既不愚笨，也不缺少观察力，但她看起来就像是个梦游的人，与身边发生的恐怖事件没有联系。开始的时候，她责备自己，感觉自己必须保护罗达。“保护自己的孩子一直都是她的职责。如果她背叛了自己的孩子，毁了自己的孩子，她将是什么样的恶魔啊？”需要为“坏种”负责的只有她，而不是她的丈夫，也不是罗达。

克里斯汀不顾一切地尝试，尽力地拒绝女儿罗达是坏种的想法，尽力地去爱女儿，获得她的好感。但很快，“她对孩子愧疚的温柔就消失殆尽了，她对女儿有一种说不清的心寒和厌恶”。她观察女儿的举动来保护她们身边的人，但她也不知道女儿还会做些什么。

从心理学的观点来看，克里斯汀无法容忍自己的幸存者身份，她对自己是所有兄弟姐妹中唯一存活下来的人感到愧疚。这种愧疚源于一种正常的婴幼儿的心理愿望，即希望妈妈只属于自己一个人，自己能够摆脱其他的兄弟姐妹。对于克里斯汀来说，这种愿望实现了，但却是如此让人难以忍受，于是她把自己身上难以接受的杀人冲动投射到了自己的孩子身上。克里斯汀一直都是个友善、被动和疏于察觉的人，对她来说，攻击性是无法接受的，于是她把自己的攻击性投射到了罗达身上，罗达变成了一个怪兽般的存在。我带着一种假设来阅读这本小说，认为从心理学的角度看，罗达的双面性格的意义之一是，她是克里斯汀潜意识的幻想，是克里斯汀对自身坏和恶的部分的投射。

克里斯汀对攻击性和暴力的焦虑使她产生了分裂的状态。实际上，她对罗达的理解和关系是分裂的。当罗达想要放火杀害勒罗伊时，她看见了罗达拿火柴。她几乎知道将会发生什么，但却不能让自己清醒地意识到这点，从而采取行动阻止罗达。当她看见勒罗伊在火中逃窜时，她变得分裂游离，她听到了有人在叫喊，但后来才意识到是自己在叫喊。勒罗伊的死让克里斯汀再次目睹杀人事件，她什么也做不了，只能无助地躲起来。她目睹自己的母亲将自己的兄弟姐妹全部杀害时的恐惧，以及对自己是唯一幸存者的矛盾心理，这些都让她难以化解。当她看到勒罗伊被女儿杀害时，她的自我意识变得不知所措，她进入了一种精神分裂的状态，就像小时候一样。

在克里斯汀恢复后，她下定决心采取行动。再次目睹杀人事件使她清醒，她知道要采取行动。她想用安眠药杀死罗达，然后自杀。不过，她的计划只成功了一半：她死了，罗达则被救活了。

小说的结局是具有讽刺性的，但实际上这是一种悲剧。克里斯汀因目睹自己的兄弟姐妹被母亲杀死，知道要不是自己侥幸逃过了一劫，她也会被母亲杀死，这使她遭受了严重的创伤。一个遭受了创伤的人一般都想要尘封这段记忆，他们典型的表现是精神分裂、索然寡欲和拒绝承认。很多从极端情况中（例如大屠杀）幸存下来的人，他们把孩子看作救世主，或者是对失去的人的替代品，但是对于克里斯汀来说，她的女儿是对她的惩罚，是她内疚心理的活的纪念碑。在她试图杀死罗达时，她想杀死的是自己身上坏的部分；但另一方面，她无法接受自己像自己的母亲一样亲手杀死自己的孩子，于是她也必须自杀。

●●•⬤•●●

这几个故事体现了对三种投射到怪兽子女身上的矛盾母性的解决方式：现实的解决方式、靠神秘力量的解决方式，以及悲剧的解决方式。莱辛的小说《第五个孩子》的结局是现实的，海蕊虽然伤心，但更成熟了，体现了她的心理过程。伊娃的经历则与海蕊类似。罗斯玛丽解决困境的方式有点儿类似神秘的宗教所采取的方式。克里斯汀由于早期受到严重的创伤，因此她没法像海蕊和伊娃那样处理问题，她的自我意识不够成熟，导致她不得不退回原始的防御、拒绝和分裂状态，而且她对自己过去和现在的欲望也不够了解。海蕊和伊娃有太多的欲望，而克里斯汀没有。她们的性格特点都在子女身上得到了体现：班很贪婪，活泼好动又努力争取；凯文想要在恨和恶意中获胜；罗斯玛丽的婴儿是神话故事中的恶魔；罗达虽然对自己的欲望比较偏执，还会采取行动去满足自己，但她却是个情感索然的人，她虽然让人感到恐怖，但从心理学的角度看她的故事并不有趣。“潜在”（larvated）这个词是克里斯汀的朋友莫妮卡使用的，莫妮卡用这个词来表达未孵化的、未发展的以及未知的意思。当把这个词用到克里斯汀身上时，它代表的是遭受了严重创伤后情绪心理的发展走向。罗达是克里斯汀的投射，在罗达心里，克里斯汀的心理发展使她还滞留在口欲贪婪期，只懂索取、不懂回报。

这几部小说用不同的方式描述了怪兽孩子的故事，里面的母亲们都在有意识地或者在潜意识中用是否杀死自己的孩子来解决问题。对于海蕊来说，把班送走等同于杀死班。班是所有痛苦的根源，对社会和家庭来说都是完全的消耗，是一个潜在的杀人犯，必须对班有必要的监管。海蕊明白自己对班的邪恶也有责任，班也可能拥有健康的心理，因此没有必要真的将班杀死。对于伊娃来说，完全地抛弃凯文等同于杀死他，这是她做不到的。罗斯玛丽跟前文提到过的安德烈·耶茨一样，她们都陷入了精神失常的状态，因此，孩子作为她们身上坏的部分和扭曲的精神冲动的体现，必须要被消灭掉。她们受荷尔蒙失调的困扰，宗教文化和社会态度无法原谅母性中的攻击性，对于她俩来说就只有一种解决方法：阻止邪恶，避免邪恶传播。在她们心中，孩子的危险性是真实存在的。克里斯汀只能把这看作自己的错误，其他兄弟姐妹都死了，而她却活了下来，她不配。从某种角度看，杀人的罗达只是个空虚的存在，比起其他几个恶魔孩子，罗达更像是《异形》中的生物，因为她情绪机械化，对人类没有感情。《异形》中的生物有不断繁殖的驱动，罗达则有对得到某个东西的驱动，两者都不能在情感上与各自的母亲产生理解和共鸣，也许正是因为这点，克里斯汀对罗达感到寒冷和惧怕，而不是像海蕊、伊娃和罗斯玛丽那样，她们对孩子的感受都充满了恨意的恐惧。

必须承认，这几部小说中描写的情况都是极端的，我从未在实际的临床治疗中遇到过这么严重的情况。这些小说很受读者欢迎，说明它们写出了我们内心深处对攻击性的恐惧，尤其是我们对母性攻击性的恐惧和幻想。

第 8 章

当恐惧变成现实

儿童治疗师认为母性矛盾心理会严重地影响孩子，有时候直接把母性矛盾心理叫作“这个问题”。在他们心里，这个问题对母亲的影响是次要的。即使母亲来接受心理治疗，治疗师也会出于担心孩子而较少地同情这位母亲。由于社会对孩子的理想化和保护，女性不愿意谈论她们母性中消极的一面——恨。而且，养育一个难以管教的孩子所遇到的困难和压力都在母亲身上。想想《第五个孩子》中的海蕊，她的丈夫不承认班是自己的孩子。同样地，在伊娃和凯文的故事中，既没有人相信伊娃，也没有谁能帮助她。伊娃的丈夫认同社会对孩子的理想化，说明他根本不认为凯文对伊娃的敌对和怪异行为都是凯文的问题。如果母亲把孩子看作恶魔，那么问题就出在母亲身上，是她不正常。同样地，也没有人相信罗斯玛丽。当克里斯汀发现罗达真实的一面时，也没有人认同她。

在这四个故事中，这几位不幸的母亲都遭遇了心理上的困境。她们的孩子是幻想式的存在，所以没能引起读者多大的同情。但是，也确实有这类孩子的故事。在许多案例中，母性矛盾心理具有很大的破坏性，在试图理解母亲的视角的同时，我们不能忽视孩子的视角。本章和第 9 章的内容将围绕母性矛盾心理造成的后果，探讨孩子被母亲当作怪物或者不被母亲喜爱的经历和心理感受。我在临床工作中碰到了与这个问题相关的三种情况，在这三种情况中，孩子都心怀怨恨：畸形孩子的怨恨，以及母亲充满怨恨的回应。畸形孩子养成了一种充满恨意的认知来处理自身极端的需要：母亲为了满足自己的病态需要，把孩子变成了怪兽。

我将在本章开始的部分讨论畸形的孩子。“怪兽”这个词来自法语中的一个动词，原意是“想要”或“展示或表现”的意思。几个世纪以来，人们都认为怪兽孩子（例如畸形儿）是母亲的想象或者行为的产物，她更愿意隐藏这些，但却暴露出来了。因此，她可能认为孩子的畸形是自己的羞耻、过错，或者是对自己的惩罚，惩罚自己有些事情没有做好，或者做了本不应该做的事。

是否存在不担心自己的孩子是否正常的准妈妈？哪怕她生过正常的孩子，再次怀孕的时候还是会有这样的担心。“孩子还好吗？手指和脚趾都有吗？”我的一个朋友怀了双胞胎，她在做最后一次产前检查时这样问产科医生，哪怕她已经有了两个正常的孩子。产科医生轻松地回复她，口气还有一点儿幽默，说第一个胎儿的头已经很好地进入了骨盆腔中，可以排除连体婴的可能性。尽管她对这对双胞胎的出生还有很多其他的担心和焦虑，但已经不会再担心孩子是连体婴了，所以她在听到医生的话后松了一口气。幸运的是，女性担心的大多数问题都只是杞人忧天。然而，如果她们担心的事情变成了现实会怎么样呢？

母亲们经常把孩子畸形的原因归咎于自己，有的还会把这当作对自己的惩罚。她们对生出畸形的孩子感到内疚，或者担心孩子的畸形是对自己的惩罚，这些实际上体现的都是她们心理上对畸形的矛盾情绪。原始的反应会把畸形跟邪恶的力量联系起来，也会把孩子看作邪恶的。在 17 世纪末期美国马萨诸塞州的塞勒姆，女性会因为流产、死产和生出畸形儿而被当作巫婆处死，原因是她们做了魔鬼做的事。有些母亲把孩子的畸形怪罪到自己身上，她们会尝试去修复补偿；而那些把畸形看作邪恶和惩罚的母亲则会拒绝自己的孩子，即使她们在现实中不会这么做，但她们也会在心里这么想。我认为孩子的畸形也会造成母亲的矛盾心理，而且与其他会引起矛盾心理的情况一样，她们同样会产生内化（内疚和修复）和外化（愤怒和拒绝）的反应。

并非所有的畸形都会“表现”出来。一个心理有问题、到处惹麻烦的孩子也可以被理解成是畸形和不正常的。孩子可能会有遗传病，比如心脏畸形或者青少年糖尿病，这些遗传病不会影响孩子的外貌和行为表现，但会缩短他们的寿命，影响他们的生活质量，使他们需要特殊的关照。另一方面，一些会表现出来的畸形，比如腭裂或者大块的胎记，如果孩子的家庭不在意这些或者能够通过外科手术修复，可能也不算是多大的问题。其他家庭成员的生活和需要会在多大程度上受畸形孩子的影响，决定了人们认为孩子存在畸形问题的严重程度。

作为孩子，他的心理和反应又是怎样的呢？在畸形儿心里，哪怕是潜意识的想法，大多数人还是认为畸形是由母亲造成的。这种想法既说明了孩子认为母亲什么都想要、什么都想做的这种无所不能的心理是错误的，还体现了整个社会一直以来的观点，认为孩子的出生缺陷是由母亲在孕期的“幻想”或者行为造成的。在孩子的意识中，母亲是不会喜欢一个畸形的孩子的，毕竟，就算是一个身体和智力均正常的孩子也会担心他们的淘气和某些极端的行为会让母亲不喜欢。如果你是因为做错了事而失去了母亲的喜爱，你可以弥补；但如果你是因为永久性的疾病或者缺陷，你就永远都无法弥补了。

在意识中，母性的因果关系没有那么容易理解，即如果母亲爱过我，想拥有我，我就不会变成这样。矛盾的是，孩子们在投射母亲时是不会意识到这些想法的。当孩子把自己责备的想法与母亲联系起来时，这其实是一种突破，会让他不再责怪自己，更进一步的突破是意识到没有人应该受责备。在充满和谐和爱的家庭里，或者在治疗效果很好的情况下，人们通常能够实现最后一种情况。

例如，有个女人生了一个患有唐氏综合征的儿子，取名叫拉里，除了拉里，她还有其他三个正常的孩子，其中两个孩子是在拉里之后出生的。她的丈夫责备自己，认为自己有错，因为在妻子受孕期间，他一直在有辐射的环境下工作。他们对所有的孩子都很好，既不挑剔也不批评他们，对拉里也是如此。拉里参与了所有的家庭活动，兄弟姐妹都对他很好，总体的家庭气氛很温和。后来，拉里被送到家附近的一家很好的福利机构，他在那里学会了一些技能，能够做一些基本的事情。随着年龄变大，拉里越来越清楚自己的局限，他开始变得沮丧。比起之前的"智力上受到挑战"，现在的拉里更让家里人为难。作为拉里的家人，他们试图尽量弱化负面的影响，这也是他们"家庭文化"的一大特点。尽管家人对拉里很好，但拉里变得很沮丧，这也使家人很为难。讽刺的是，家人对拉里完全接受的态度反而使拉里难以应付外界不那么宽容的态度。

我知道肯定会有读者说，应当用更让人接受的称谓来表达畸形，比如不应该直接称畸形，应该用"学习差异"和"特殊需要"等词来代替"唐氏综合征"。我同意我们不应该使用像"先天愚型"（mongoloid）这样的表达，因为它带有种族歧视，暗含羞辱和排斥的意思，但我不认为使用政治正确、更加尊重的表达会对减轻孩子的痛苦或者解决所在家庭的矛盾心理有任何实质的帮助。

畸形的孩子并非总是被看作邪恶的，拉里的故事就是很明显的例子。有些家长对畸形的孩子接受程度较好，这些家长不仅包容畸形的孩子，更乐意照顾他们，尤其是当孩子的畸形、疾病或智障不是太严重的时候。在他们家里，畸形的孩子可能很特殊，他们从来不离开家门半步，让父母有种使命感和意义。这样的反应不是病态的，但是有时候也会变得病态。

我想到了“超级家庭”的现象。这些家庭的家长一般都有自己的孩子，还会收养其他的孩子，有时家里孩子的数量会达到18个甚至更多，而且一般还会有几个残疾儿童。这些家长的动机是为了慈善和拯救，但这些孩子被养育的模式有点儿像军营。我们很难想象这么多孩子中会有哪个能够得到足够的家庭关怀。我猜想，在这样的家庭中，孩子们之间会产生紧张的关系，让人烦恼，而且在家庭文化中也不被允许出现。在《第五个孩子》中，虽然海蕊不能理解，但海蕊其他几个正常的孩子都很讨厌班，还搬到学校去住。这些“超级家庭”的父母想要拯救这么多的孩子，他们通常都隐藏着矛盾的心理，但一般都不愿意承认。例如，生下八胞胎的娜德雅·苏尔曼。他们的矛盾心理可能跟童年的剥夺有关。养育孩子让他们想起了他们小时候，孩子得到的东西激起了他们内心的妒忌，但他们意识不到这点，也不承认自身的妒忌，他们看似在做慈善，但却是在孩子身上重复他们被剥夺的经历。

有时候，父母对畸形儿的“接受”方式有两种：一是拒绝认识畸形儿真实的畸形程度；二是过度补偿，即因为对畸形儿感到愧疚，牺牲其他孩子或者配偶，对畸形儿进行过度补偿。例如，我曾经治疗过的一位名叫唐纳德的男性病人，他对妹妹感到非常痛心，虽然这不是他来我这里寻求心理治疗的原因。唐纳德的妹妹有两个孩子，大女儿是个正常的孩子，小儿子患有智障。小儿子的智障程度很严重，甚至九岁的时候还需要用尿布，不说话，也没有任何的劳动技能。小儿子能抬起自己的头，但坐不起来，也无法行走。唐纳德的妹妹没有把儿子送到福利院，而是选择在家里和丈夫一起照顾他，但是却忽略了对女儿的照顾：女儿既缺少父母的情感关怀，又因憎恨弟弟而感到内疚。

唐纳德认为妹妹为了照顾畸形的儿子，牺牲了自己和女儿的生活。唐纳德是个同性恋，出身于一个传统的美国中西部家庭，把自己看作家里离经叛道的人。他既担心外甥的畸形，还能理解外甥女在家里“不正常的文化”中被忽视和不被理解的感觉。在她家里，如同《第五个孩子》中一样，为了照顾有特殊需要的孩子，父母牺牲了正常健康的孩子，对他们疏于关心。唐纳德的外甥女就处在这样的困境中。一方面，她因憎恨妈妈过于关心弟弟而受到惩罚；另一方面，由于弟弟的智障，她的聪明才干没有得到父母的欣赏。妈妈“看不见”她，因为关注女儿意味着承认两个孩子之间存在巨大的差别，所以她有必要正视自己的选择有多么地无助和奇怪。

我不了解唐纳德的妹妹，因此无法理解她的心理矛盾和动机，但在我看来，她因为生了一个智力不正常的孩子而感到深深的内疚，同时潜意识里对这个孩子的讨厌又加深了她的内疚。在这个极端的情况下，没有证据说明她能和智障儿子建立真实的关系，这种关系只能存在于她的幻想中。海蕊同样无法与班建立真正的关系，但她对班的缺陷采取了很实际的做法。海蕊与唐纳德的妹妹不同，她既没有幻想过自己能够让班变好，也没有幻想过有一天会因为自己的牺牲而获得回报。这种对回报的需要说明了唐纳德的妹妹也许在潜意识里把智障儿子当作一种惩罚。

也许有的母亲无法接受自己的孩子是畸形儿，因为这样的孩子意味着对她的自尊心的打击：我怎么会生出这样一个孩子？又或者是因为，母亲通过照顾智障孩子获得的对其母性价值的强调远远低于为其付出的心血。这些心理问题是造成《第五个孩子》中海蕊和班的情感状态的原因，也是造成《凯文怎么了》中伊娃和凯文的情感状态的原因。这些女性得到的回报远远不够，最终还是放弃了。海蕊对班过度补偿的方式是在班的身上投入大量的时间和情感能量，但这些并没有完全起作用，未能帮她修复因失败母性而受伤的自恋。海蕊不想承认是自己贪婪才想多生孩子，而伊娃则无法面对和处理人生中的任何失败。

由于我没有为唐纳德的妹妹治疗过，所以只能猜测她背后的动机。我治疗过的病人黛安的故事，能清楚地说明把畸形儿当作惩罚的情况。黛安有一个正常的女儿和一个先天性神经受损的小儿子，名叫丹尼。丹尼属于轻型的脑瘫患者，患有学习障碍。进入青春期后，丹尼出现了严重的行为问题，许多专家建议找外面的人来照顾丹尼。虽然黛安和丈夫担负得起这个费用，也对在家里照顾丹尼感到筋疲力尽和恼火，但她还是无法接受这种解决办法。

黛安的妹妹小时候曾经得过严重的小儿麻痹症，成年后，她虽然接受了大量的身体康复训练，但运动还是比较困难，日常生活主要靠她们的父母照顾。从小到大，黛安都感觉她的母亲把妹妹太过于当小孩了，疏忽了对她的情感投入。黛安的母亲是个被动、喜欢受虐的人，她的苦楚和无能像一张网一样束缚着家里的其他人，让人窒息。黛安很自豪自己一直都很乐观、独立，能够做出实际的行动。黛安认为自己会是个称职的母亲，但丹尼却打击了她的信心，照顾丹尼也几乎毫无乐趣可言。但是，她却无法把丹尼送出去给外人照顾，她确信丹尼在家里接受照顾会变得更好。

黛安矛盾的行为有几点根本原因。在丹尼出生的前一年，黛安怀过一个死胎。潜意识里，她把丹尼和夭折的胎儿都看作对自己的惩罚，看作她的“十字架”，因为她曾经对妹妹有过怨恨和残忍的想法。也就是说，在潜意识里，黛安认为是自己造成了胎儿的夭折。尽管她能干、务实，却还是深深地受到了母亲的影响，认同母亲这些年辛辛苦苦地照顾残疾的妹妹的做法。黛安的内疚和对喜欢受虐的母亲的认同感使她难以释怀，无法将丹尼交给外人照顾。

我的另一位病人玛丽·安妮对待脑瘫孩子的方式与黛安不同，她把患有脑瘫的女儿拉娜送到了福利院。拉娜的脑瘫程度比丹尼更严重，这是造成玛丽·安妮离婚的主要原因。玛丽·安妮还有两个小一点儿的儿子，她每隔两周就会带着两个儿子去福利院看拉娜，观看拉娜参加残疾人奥林匹克运动会的项目以及福利院的其他庆祝活动。

拉娜不用依靠家人生活，显然，玛丽·安妮的解决方式与黛安的比起来没有那么自讨苦吃。但其实，玛丽·安妮本人却比黛安更为自虐和自我贬低。玛丽家里存在隐形的问题，包括两个儿子在内，没有人表达任何不满的情绪，而黛安家里则可能会有不满的情绪。即使在心理治疗的过程中，玛丽·安妮也没有承认她对拉娜有任何的怨恨。所有直接的母性攻击性被压抑住了，于是隐藏的矛盾心理浮出了水面。将怨言和恨意表达出来可能会更有助于放松，但玛丽·安妮惩罚自己和两个儿子，不允许也不接受他们有任何怨言。通过这样做，玛丽·安妮就能继续停留在自我安慰的幻想中，在幻想中，她还是这样有耐心，还是一个好母亲，把拉娜送进福利院是对所有人都好的解决办法。似乎把拉娜送进福利院就能解决问题，没有人有权批评她付出的时间和精力，也没有人能够批评她在家里的特殊地位。玛丽·安妮隐藏的矛盾心理表现在对待两个健康的孩子的行为上，强迫他们一直跟她去探望拉娜，而且不允许他们有任何怨言。

玛丽·安妮对自己的家庭没有爱，这一点并不奇怪。和超级家庭的父母一样，她将自己看作模范家长，对自己畸形的孩子没有怨恨。矛盾的是，尽管黛安无法把丹尼交由外人照顾，而且照顾丹尼还会让她苦恼，但她能够通过寻求心理治疗，理解和接受自己和家人的矛盾心理。而玛丽·安妮虽然能够采取行动把拉娜送到福利院，但却无法正视自己真正的情感问题。她的孩子因此而受到折磨，而黛安的女儿却没有受到困扰。

还有一种痛苦的情况是，孩子感觉自己的畸形给父母造成了伤害。我遇到了几个这样的患者，在他们小的时候，他们的母亲感到很苦恼。这些患者认为，他们过度的活力和需要造成了母亲的痛苦，或者使母亲的状况恶化。他们中的一些人在孩童或者青少年时期，为了缓解给母亲造成的痛苦，压抑和削弱自己的活力和能力，在学术、创造力和社交等领域表现出不同程度的失败。孩子总是担心自己会伤害父母，没有人照顾自己；而母亲在身体和心理上的问题会加深孩子的担心，而这一担心在现实中似乎得以印证。“我让妈妈筋疲力尽，我伤害了她。”

乌苏拉·海吉（Ursula Hegi）的小说《来自河里的石头》中描述了一个深刻的故事。故事中的女主人公特鲁迪·孟泰格（Trudi Montag）为了保护母亲，选择为自己的畸形负责。特鲁迪·孟泰格患有软骨发育不全性侏儒症，她最大的心愿就是希望自己能有个正常的身体，能作为正常世界的一分子被他人爱和接受。她身材矮小，但却有一些罕见的天赋：她拥有优美的歌喉，并且有能够看透人心的神秘本领。因为她矮小畸形，她的存在与否不重要，所以人们不会对她隐瞒秘密。她既把这些秘密当作复仇的武器，也把它们编成故事进行再创造。特鲁迪·孟泰格是个复杂的人物，她的形象充满了生命力和勇气。她的父亲利奥很爱她，告诉她，她是完美的。利奥的意思是指她这个人的本质很完美，但她却认为父亲在骗她。

特鲁迪之所以无法相信父亲的话，原因在于她早期和母亲格涂德的关系出了问题。“特鲁迪·孟泰格出生后的几个月，她的母亲一直都没有碰过她。她的母亲看过她一眼，然后就把她的脸遮住了，仿佛是为了遮住她的短腿和大头。”特鲁迪出生后的第三天，她的母亲格涂德逃走了。格涂德的精神不正常，在特鲁迪出生前就疯了，但是特鲁迪对此并不相信。特鲁迪和格涂德都认为畸形的原因在于自己，因此自己应该对此负责。格涂德认为女儿的畸形是对自己婚外恋的惩罚，特鲁迪则认为是自己的出生把母亲逼疯了。因为太需要母亲的爱，特鲁迪颠倒了辈分，成为照顾母亲的人。“双手牵着母亲——这是特鲁迪赎罪的方法，她认为母亲是因为她而精神失常。”

特鲁迪内疚的原因还有另外一点。当母亲再度怀孕时，父母把糖块放在窗台上，希望能够吸引“送子鸟”白鹳来筑巢。特鲁迪不希望自己有弟弟或者妹妹，担心有了正常的弟妹后，父母就不想要她了，于是她晚上偷偷起来把吸引白鹳的糖吃了。后来母亲流产了，特鲁迪深信是自己杀死了母亲肚子里的孩子。

尽管特鲁迪勇敢地想拯救母亲，但格涂德的情况却越来越糟，多次被送到疗养院进行治疗。格涂德最后一次去疗养院的时候，她告诉特鲁迪，只要你足够爱某些人，他们就不会死。“当我回来的时候，我们之间会变好的。”然而，格涂德再也没有回来。特鲁迪怀疑这是否也是由于自己的错造成的，怀疑是否因为自己不够爱母亲。她担心母亲看到了她身上的某些东西，“她身上有邪恶的部分，那些虽然讨厌但为了生存必须学会的东西”。“如果很长时间里，你都有一个怪胎的身体，那么即使你的内心不像一个怪胎，但你如何才能保证怪胎的躯体不会把你整个人都变成怪胎呢？”特鲁迪有很强烈的报复心理，当被人拒绝的时候，她就会收集别人的秘密，因此她对自身邪恶的担心是有现实依据的。她感觉自己的内心和别人一样，但别人看不到。相反地，别人厌恶她，“她却感到自己有一种奇怪的归属感，想要融入他们。这种厌恶既让她害怕，又给了她养分。她竭尽全力地想要被人们接受和喜欢，当得不到他们的接受时，她紧紧地抓住他们的秘密，把秘密当作武器”。

特鲁迪的例子说明了畸形人的自恋创伤会如何引起他们对“正常人”的妒忌，并产生报复性的幻想。在这种报复性的幻想中，他们认为自己无所不能，认为自己不需要依靠他人，但畸形决定了他们必须依靠他人，于是不可避免地会导致失望的心理。失望的一部分原因在于，他们认为父母内心并不情愿，但没有其他的选择余地，只能照顾他们这样的“残疾”孩子。此外，畸形儿因残疾而产生的依赖需求并没有得到真正的满足。畸形儿会对他人进行报复性的破坏，说明认为他们并不重要；还会幻想自己伤害或杀害他们，或者把他们变成畸形人，以此进行以牙还牙式的报复。这样的报复一般针对正常的兄弟姐妹，在特鲁迪的例子中，她这么做是怕自己失去父母的爱。

和特鲁迪一样，孩子也会把身体的畸形当作对自己的惩罚，惩罚自己有过邪恶的思想、心愿和幻想。而且他们还感觉这种畸形会不断蔓延，让他们整个人都充满邪恶，变得不正常。特鲁迪感觉到了“因为与别人不同而产生的力量，以及因与别人不同而产生的痛苦”。一般来说，这种力量会减轻痛苦的程度，但对于特鲁迪来说却没有，痛苦依旧强烈。对她来说，报复是为了获得爱，这是爱的卑微的替代品。她有一个爱他的父亲，后来还遇到了一个真正爱她的男人，他们弥补了特鲁迪因为矛盾母性和母爱缺失所遭受的苦楚，这些使她能够放下仇恨。最后，她也能够悼念逝去的母亲，并且接受自己。“每个人都有需要抗争的东西，这些东西既可以毁掉你，也能使你变得更强大，也许她抗争的东西也不是那么糟糕。”

开始，特鲁迪为了保护母亲，把仇恨的矛头指向自己，认为是自己的出生导致了母亲的精神失常；后来，她允许自己恨母亲，潜意识里责怪母亲抛弃了她；最后，她能够原谅自己的不幸，并接受自己。在我看来，这部小说像一本“治愈体”作品，因为其中的故事很像一次成功的心理治疗案例，主人公从最开始的饱受折磨，一步步地走向释放和自我接受。

第 9 章

从孩子的视角来看

一些孩子认为自己是恶魔，或者把自己的形象看作负面的，像顽童一样，满腹牢骚；他们也许还会不断地制造麻烦，基本上是个需要关爱和依赖的人，不知满足。我在治疗中发现，这样的孩子一般都非常渴求父母的关爱，原因是他们在早期的生活中缺少父母的关爱，对父母的依恋心理一般都遭受过干扰和破坏。这种对父母关爱的渴望可能带来报复性的一面，缺爱的孩子会固执地认为这个问题永远无法得到修复或补偿。“怪兽”这个词可能是个极端的表达，但我在本书案例中列举的几个文学作品中的怪兽孩子，他们对父母的依恋是充满愤怒的，而且不停地想要报复。他们既无法真正地离开父母，又不能原谅他们。我想到了弗兰肯斯坦博士创造的怪物，想到了德古拉伯爵和他的吸血鬼，想到了伊娃和凯文，还有下文中即将写到的《铁皮鼓》中的奥斯卡·马策拉特（Oskar Matzerath）。

让我们先来看看患者布伦达的案例。布伦达把自己看作怪兽，原因是深层次的。布伦达作为家里三个孩子中最大的，在九个月大的时候，她和母亲的亲密关系遭到了干扰，那时，母亲的姐姐突然去世，留下了几个孩子，家庭也因这样突如其来的危机和悲痛而支离破碎。虽然母亲还陪着布伦达，但母亲因为姐姐的去世而心事重重，郁郁寡欢。因此，可以想象，当时九个月大的布伦达对此非常敏感，后来她将这段经历描述成“被抛弃的感觉”。孩子在半岁到一岁期间会出现“陌生人焦虑”，这个年龄段的孩子会把母亲看作最重要的人、独一无二又无法替代，因此无论是在身体上还是情绪上，布伦达都反应强烈。

随着布伦达逐渐长大，她在小时候和母亲的亲密关系的缺失和失望感还在不断地影响着她，她常常因为体重和外貌而和母亲关系失和。布伦达觉得母亲希望她长得和两个妹妹一样，又瘦又美；而布伦达则希望，哪怕自己“又胖又丑”，母亲还是会爱她。让我感到惊讶的是，布伦达夸大了自己的体重和不好看的程度。按照传统的标准，她的确是有点儿偏重，但绝对不是肥胖，长相也不让人讨厌：她有双漂亮的棕色眼睛，而且有时的打扮有种独特的艺术风格。但她却认为自己很丑，这反映了她的愤怒、妒忌和失望，认为她生活的世界既不可靠又没有爱，是个丑陋的世界，转而在内心确信自己的外在也是丑陋的。她用这种肥胖和丑陋的自我知觉来考验她的母亲和朋友以及心理分析师，不论他们怎么回应都是错的。如果他们同意她说的自己肥胖和丑陋，就是在冒犯她；如果他们不同意她说的，又是在剥夺她。

在潜意识里，布伦达并不想改变自己的处境，因为这么做意味着会失去和母亲保持依赖关系的方式，她担心自己会一无所有。在布伦达和关心她的人之间，上演着无休止的惩罚和施虐受虐的拉锯战。妥协和折中总是不能令人满意。布伦达因伤害了那些想帮助自己的朋友和家人而感到内疚，同时又害怕失去他们，如果自己看起来不再像一个“怪兽”，那自己唯一拥有的也没有了。我认为布伦达之所以会有这样的想法，是因为她在很小的时候就知道，她的样子对她的母亲和家庭很重要。早期对母亲的依恋关系受到了干扰，使她极度渴望找到某种能够依赖的东西，后来她的确找到了。在我的印象中，布伦达的母亲也是一个很焦虑的人，担心自己会被批评不是一个好母亲，因此对女儿一直采取防御的态度，她害怕女儿，迎合女儿。她的迎合是布伦达在养成对自己消极认知的过程中的“附带收获”。

缺乏安全感的孩子常常会假定父母更爱家里的其他孩子，因为他们更聪明、更漂亮、更听话，这样的情况并不少见。孩子们做这样的假定也有一定的事实依据。莫琳·多德（Maureen Dowd）出版了一本叫作《要男人干嘛》（*Are Men Necessary?*）的书，她在书中提到了女性对美貌和完美身材的迷恋："因此，就算是父母，他们同样对外貌有偏见，我们不应该对此感到惊讶。2005年，《纽约时报》上有一篇文章的标题让人震惊：《丑小孩获得家族的关注更少》（*Ugly Children May Get Parental Short Shift*）。"莫琳·多德继续列举了一个加拿大研究团队的观察结果。该研究团队通过观察比较父母在超市购物时让孩子坐购物车的时间，发现长得好看的孩子坐购物车的时间占整个购物时间的13.5%，长得不好看的孩子的时间占比只有4%，反差强烈。虽然一个对超市购物行为的研究称不上完整和科学，但也能让我们有所启发。难道有人会充满喜爱和热情地夸一个长相普通的孩子吗？类似"噢，天啊！你这个小女孩长得真普通"这样的话？

在布伦达的心里，她和其他人的关系要么代表着一切，要么什么都不是。也就是说，她要么得到自己需要的和想要的，要么什么也不要。她有让别人继续和她保持关系的本事和力量，但这段关系不能有任何的折中和妥协。妥协意味着成长以及处理不完美生活和独立生活的困难。布伦达有意识地拒绝对父母的依赖，尤其是拒绝对母亲的依赖。她不想看到自己的其他关系因为自己对母亲的依恋而受到影响和折中。她一边紧紧地抓住别人，又一边拒绝他们。

布伦达跟《铁皮鼓》中的主人公奥斯卡·马策拉特在某些方面有着惊人的相似。《铁皮鼓》的作者君特·格拉斯曾获得过诺贝尔文学奖。我说布伦达和奥斯卡相似，是指为了和早些年在自己生命中出现的人保持联系，并且避免长大独立过程中的危险，奥斯卡也采取了消极的身份认知。两者都有复仇的心理，想要惩罚那些曾让他们深深失望的人。

《铁皮鼓》

《铁皮鼓》是一部充满黑暗色彩的超现实小说，意义复杂，但在本书中，我只选择其中的一条线索来分析。三岁的奥斯卡·马策拉特永远长不大、长不高，象征了邪恶的矮人世界——“第三世界”，这也是他出生的地方。鼓的吵闹声、尖叫声、玻璃破碎的声音，都是这部小说的背景音效。我追踪的这条线索是奥斯卡的母亲阿格内斯·马策拉特，她有着矛盾的母性，最后以死亡告终，而奥斯卡却试图永远地拥有她。

奥斯卡生来就无所不知。出生时，奥斯卡听到父亲说他长大后会成为一个杂货店店主，母亲阿格内斯说当他长到三岁的时候，会送给他一个玩具鼓。奥斯卡生来就与众不同，很有主见，不想做一个普通的杂货店店主。三岁的时候，他得到母亲给他的鼓后，就从地下室楼梯上摔了下去，从此再也长不大，摔跤成了大人们“解释”他为什么长不大的理由。奥斯卡告诉我们：“我心智成熟，但一直都是三岁的样子，被大人们俯视着，但比所有大人都更优越。我不想跟他们比影子的长短，我的内在和外在都是完整的，而他们，半身已经入土，注定要操心自己的‘发展’。换句话说，我已经是完美的了。”

奥斯卡不停地敲鼓，如果别人把他的鼓拿走，他就会很生气。他的嗓音能唱碎玻璃，当有不如意的时候，他就不停地唱歌，把玻璃震碎。他认为自己无所不能，他说：“我不会放弃，只要我高兴就会去做，我就能做。我比耶稣还像耶稣，我是乔装的撒旦，规则对我是没有用的。我既不害怕时间的流逝，也不担心辈分的界限。”怪兽代表着无限的破坏性和攻击性冲动，这正是奥斯卡对待世界的方式，但与他矮小畸形的身体所象征的邪恶畸形的社会不同，他又饱受人类关系的困扰，渴望跟身边的人建立联系。

对于奥斯卡来说，鼓是他的移情对象，如果没有鼓，他的生活就是一片荒芜。他敲坏的鼓一个接着一个，依靠他的母亲或者代替母亲角色的人帮他换鼓。他的鼓必须都涂红白两色的漆，而且看起来、摸起来和闻起来必须都一模一样。奥斯卡把铁皮鼓看作母亲的替代物，是他的移情对象，类似于其他更常见的移情对象（比如泰迪熊或者安抚毯），替换品必须是一模一样的，它看起来、摸起来和闻起来都必须一模一样，如果有人把它拿去洗了，就是在给自己制造麻烦。红白两色的铁皮鼓象征着奥斯卡的母亲阿格内斯，她在结婚之前曾是护士，身穿白色的护士服，胸前别着一个红色的十字架。当母亲不在他身边的时候，铁皮鼓能给奥斯卡带来安慰。奥斯卡和其他大部分小孩都不同，一般的小孩长大后就不再需要移情物品了，但是奥斯卡一生都很迷恋铁皮鼓，喜欢护士或者像护士的女人。

奥斯卡认为成人的世界是堕落的，充满了谎言和欺骗，这种看法使他的优越感变得更强了。奥斯卡的母亲和她的丈夫阿尔弗雷德·马策拉特以及表兄扬·布朗斯基之间存在着三角关系，实际上，扬才是奥斯卡的生身之父。奥斯卡感觉，母亲、父亲和表舅之间的三角关系完全没有顾及过他的感受。当他们三人玩牌的时候，奥斯卡坐在桌子下面，看到表舅偷偷地把腿伸到母亲的裙子里，没有人在乎奥斯卡是不是看到了。奥斯卡虽然小，但没有人像保护正常的小孩那样来保护他，使他避开成人的性行为，因为他们在潜意识里认为奥斯卡并非真的单纯。奥斯卡觉得他们没有避开他，是因为认为他不重要。奥斯卡的悲剧在于担心母亲不爱他，为了使自己不被这样的想法刺伤，他假装自己不需要母亲，只有鼓才能把他和母亲联系在一起。

奥斯卡 14 岁的时候，母亲阿格内斯死了，母亲的死体现了奥斯卡对自己和母亲之间的关系的困扰。阿格内斯怀上了一个私生子，乱伦的三角关系使她感到痛苦，她不想要这个孩子，不断吃鱼直到把自己吃死。奥斯卡以为母亲选择死亡是为了从父亲手中把扬救下来——扬是个波兰人，而父亲加入了纳粹党，他会伤害扬。不过，奥斯卡真正的感觉是自己杀死了母亲以及她肚子里的胎儿。在母亲死后不久，奥斯卡遇到了侏儒贝布拉，贝布拉是奥斯卡的导师，后来又充当了他的“心理治疗师”。

“我妈妈去世了，”我试图解释我的心境，“她本来不该死的，都怪她自己不好。人们常说，做母亲的每件事都看在眼里，都能很体贴，每件事都会宽恕。这全都是母亲节的那套废话！我在她眼里，只是个侏儒罢了。只要有可能，她就会甩掉我这个侏儒。她之所以没能甩掉我，那是因为我是她的孩子，哪怕我只是个侏儒，都会登记在她的身份上，所以没法把我随便甩掉。我是她生的侏儒，她甩掉我就等于甩掉自己的骨肉，所以甩不成。她问过自己，答案是她和侏儒不能两全，于是她就结束了自己的生命。她什么也不吃，只吃鱼，而且不吃新鲜鱼。她和情人诀别了，现在，她长眠在布伦陶。无论她的情人还是我家店铺的主顾，人人都这么说：是那个侏儒敲鼓把她敲死的。因为奥斯卡的缘故，她不想再活下去了，是奥斯卡把她害死的。”

我故意夸大其词。其实，大多数人把妈妈阿格内特的死归罪于马策拉特，尤其是扬·布朗斯基。贝布拉看透了我的心思。

“您言过其实了，我的好友。您纯粹出于嫉妒才怨恨您死去的妈妈。她不是因为您的缘故去世，而是因为那些令人厌烦的情人的缘故才进了坟墓。所以，您觉得自己被冷落了。您既爱虚荣又调皮捣蛋，大凡天才，这两者都兼而有之！”

贝布拉只说对一部分。的确，奥斯卡感到妒忌和耻辱，但藏在妒忌和耻辱背后的是他的荒凉和愧疚。他认为是自己惩罚了母亲，把她逼向了死亡，但他同样认为，母亲不喜欢他，抛弃了他，因为他是她身上邪恶部分的投射："妈妈可能把我连同洗澡水一起倒走，但也不可能同我坐在一个浴池里。"阿格内斯在口欲和性欲上都很贪婪。和阿格内斯很像，奥斯卡也无法控制自己，控制不了自己敲鼓，控制不了愤怒和报复性的行为。他觉得是自己把阿格内斯逼疯了。由于奥斯卡是母亲的一部分，奥斯卡认同她，他是她难以自控的贪婪和冲动的投射，想到这点，他就难以自控。而且，母亲从来没有真正地劝阻过他的贪婪，因为他是她的一部分，在奥斯卡看来，他被母亲遗弃这件事变得更加残忍了。

奥斯卡深深地担心外部世界的邪恶，他们用毒气将侏儒和其他怪胎毒死；他担心自己内在的邪恶，认为母亲有乱伦的心理，并逼迫她走向死亡；他还担心女性的邪恶，在奥斯卡眼中，女性会贪婪地勾引他人，又把他们遗弃。在小说结尾的时候，奥斯卡回忆自己的一生，心里想着儿时的一首小曲："黑厨娘，你在吗？"离他而去、让他既无法原谅又无法放手的母亲，就是这个黑厨娘。

布伦达和奥斯卡很像。布伦达选择了邪恶的自我认知，认为自己的外貌古怪，行为上喜欢操纵他人。只有紧紧抓住这样的自我认知，她才能保持与孩提时代的物和人的联系，永远都不想放下这些联系去拥抱那些不完整但却更成熟的人际关系。

被变成怪兽的孩子

为了情感需要，布伦达"选择"了负面的自我认知，她想象不到其他可行的方式。在我将要讨论的另一种情况中，孩子们认为自己被父母当成了垃圾箱，用来装他们自身不被接受的心理和行为。这与我之前说的投射案例不同，投射案例中的母亲们把自身不被接受的心理和行为投射到孩子身上，把自己的错误推给孩子。而在我即将要讨论的情况中，母亲把孩子当作盛装自己负面情绪的容器，并且很宝贝这个容器，舍不得丢弃。在她心中，她和孩子是一体的，孩子的行为要满足她的心理需要（这种母亲很接近我在第 10 章中要讨论的吸血鬼母亲）。

艾米丽出生在一个杰出的家庭里，在家里的四个孩子中排行最小。出于多种原因，艾米丽在社交和智力上都不如哥哥姐姐们。父母的婚姻出了问题，她同情母亲，选择站在母亲这一边。艾米丽的母亲是个聪明的女人，总是以一副漂亮又能干的样子出现在社交场合上，掩盖着她对真实职业成就的嫉妒和矛盾心理。在青春期，艾米丽第一次出现了情绪障碍的症状。但由于早期的诊断出现了错误，而且家里很难接受有孩子出现精神问题的事实，因此艾米丽在关键的发育阶段没有得到充分的治疗。

此外，艾米丽在很小的时候过于活泼和不听话，父母也没有适当地管教她。父母总是问艾米丽要做什么，而不是告诉她应该做什么，还经常用好听的话来劝诱哄骗她、放任她，很少管制她。艾米丽和她的母亲一样，她从不认为自己需要工作。从大学毕业后，她工作了一段时间，就嫁给了一个不够独立也不够正常的人。他们尝试着支撑下去，生了第一个孩子艾伦，在家人的帮助下，他们也能生活下去。

艾伦是个敏感、顺从的小孩，而他们的第二个儿子罗比则比较活泼好动，有自己的想法。罗比在婴儿期比较乖，但从学步期开始，他就开始受到家庭情况的影响。他们的家里日常管理比较混乱无序，家长对孩子也没有足够的管教和约束。四岁的时候，罗比就已经很难管教了。艾米丽和丈夫管不了罗比，罗比不断地考验和试探他们，就和艾米丽小时候的情况一样。几年后，艾米丽婚姻破裂，更没有人能管得了罗比。罗比接受了大量的心理治疗，虽然情况有所改善，但问题仍然比较严重。

小时候，父母对艾米丽比较放任，艾米丽长大了还想继续这样，并且对自己的孩子也是这样。在潜意识里，艾米丽没有把自己当作两个孩子的母亲，而是把自己也看成孩子。艾米丽把自己投射到罗比身上，罗比从性格和心理上看似也“带上”了她的投射，很合她的心意。艾米丽心照不宣地鼓励罗比破坏性的行为，用以回击那些自己妒忌和害怕的人，尤其是自己家里的人，艾米丽的家人对此感到心烦意乱。艾米丽通过罗比表达了自己长期以来的愤怒，她很满意罗比的做法。大儿子艾伦在性格上比较压抑、顺从。他扮演的是守护者的角色，他守护艾米丽，并承担了一部分本该是艾米丽的责任。艾伦也表现出了心理问题的症状，父母的失职和安全感的缺乏使艾伦感到焦虑和愤怒。

在自我认知的“选择”上面，艾米丽和布伦达、奥斯卡是一样的，都“选择”了负面的自我认知。只不过艾米丽更像奥斯卡的母亲阿格内斯，她通过孩子来表达自己的任性和报复性冲动。艾米丽没有能力或者不愿意对孩子进行正常合理的管教以及给他们提供一种现实生活的感觉，这使得罗比不断地考验和折磨他人，而艾米丽潜意识里对此感到很满意，因为她和罗比在心理上不是独立的。

另一个案例来自布思·塔金顿（Booth Tarkington）的文学作品《安伯森情史》（*The Magnificent Ambersons*）。书中的伊莎贝尔·安伯森（Isabel Amberson）出身于镇上最显贵的家族，是个快乐骄傲的女人。伊莎贝尔虽然爱求婚者尤金·摩根（Eugene Morgan），但由于尤金粗暴的行为，她故意冷落怠慢他。她这么做不是怪尤金喝醉了酒，而是认为他不够尊重她。出于骄傲和自尊，她嫁给了另外一个她并不喜欢的男人，生下了儿子乔治。当伊莎贝尔发现自己无法继续生孩子后，她把所有的母爱都倾注到了乔治身上，放任娇纵他，把他养成了一个骄横跋扈、无人能管的小怪兽。用老话说，乔治是被彻底宠坏了。

伊莎贝尔并不认为自己骄傲或以自我为中心，同样也不认为儿子身上有这些特点。和艾米丽不同，伊莎贝尔没有把乔治当作盛放自己秘密部分的容器，而是用他来弥补自己在爱情中的失望。伊莎贝尔既把乔治当儿子，又把他当“丈夫”。几年后，伊莎贝尔的丈夫去世，尤金·摩根重新向她求婚，乔治无法接受，想方设法从中作梗，逼迫摩根忍痛离开，这加速了伊莎贝尔的死亡，伊莎贝尔于几年后因病离世。乔治知道自己对母亲而言比任何人都重要，而正是这种认识毁了他。

母亲之所以会娇纵溺爱孩子，通常是因为她对感情和性欲生活感到失望。她和孩子的关系虽然在表面上看来没有乱伦，但却不适合孩子的年龄阶段，而且对孩子来说也是一种剥夺，孩子需要父母的管教和指导。错误地利用孩子，这种矛盾的母性心理并不罕见。由于失和和不幸福的婚姻生活，家长会偏爱异性的子女，有时候还会公开利用和异性子女的关系来引起配偶的嫉妒。孩子可能很喜欢这种偏爱，但在他们长大成年后，这种偏爱最终会导致他们在和异性建立关系时产生内疚和自残的心理。因此，无论是母亲还是父亲，有心理问题的父母都不应该对孩子有过多情感上的刺激和偏爱，否则会对他们以后的人生造成严重的冲突。

第 10 章

吸血式母性：从星妈到侵入性母亲

正如我们所看到的一样，矛盾母性的表现形式比较多。母亲比较轻微的表现是偶尔会对自己难以管教、不听话的孩子产生厌恨情绪，这是正常的；还有很多其他程度不一、形式各样的母性矛盾心理，其中最极端的是吸血式母性，这种母性心理在我看来也是破坏性最大的一种。吸血式母性有两种，这两种母性表现看似不同，但却经常有相似的地方。第一种表现是母亲从孩子身上获得在其他地方得不到的满足感，她把这当作自己赖以生存的理由，以此供养自己。其中比较温和的一种表现形式是，母亲过度地参与孩子的成长。例如，星妈或者“足球母亲”，这些母亲的自恋需求在很大程度上取决于孩子的表现以及孩子对她的依恋状态，对她而言，孩子对她的爱一般是有条件的，主要在于孩子的表现好不好、是不是很依恋她、能不能让她得到供养。第二种表现则更像吸血行为，母亲强迫孩子接受“养分”：接受她们认为正确的思想、行为、忠诚和信仰，尤其是对人际关系的信仰，甚至安排孩子如何成长独立，影响他们的创造能力，致使孩子形成偏执的世界观。例如，对孩子说“你唯一能相信的人只有血亲”或“你唯一能相信的人只有我，我知道世界真实的一面”。这类母亲会给孩子带来一定的精神折磨，没有尊重孩子最基本的需求和对真实生活的感知，她们入侵、毒害孩子的思想和意愿，把孩子逼疯。读者可能会发现，不仅是母亲，父亲也可能会这样做，但我认为有类似行为的父亲所导致的后果远没有母亲那么大，因为母亲在孩子早期发育阶段扮演着至关重要的知识启蒙者的角色。

我之所以把这些行为表现称作“吸血式”母性而不是错误或者冷漠的母性，原因是有这类行为表现的母亲在心理上确实需要通过孩子才能活下去。对孩子的成长和需求表现冷漠或者迟钝的母亲以及教育方法错误的母亲的确会影响孩子的成长，但这些母亲的矛盾心理和行为动机并不是为了自我精神上的存活。例如，离间孩子和配偶或者将工作和家庭分开，认同自己父母的错误的教育方法，不够成熟，或者有其他发育障碍等。吸血式母性更加难以察觉，也更加难以辨识，通常被伪装成对孩子特别的爱和关心：“没有人像我这样爱你，因此你也必须最爱我，不能喜欢其他人。”

艾米丽的行为虽然在某种程度上跟吸血式母亲很相似，但却不是一回事（见第 9 章）。她没有特别地限制孩子的活动和成绩表现，虽然希望孩子表现出众，按照她的想法做事，但她却没有什么未能实现的梦想需要孩子帮她实现，而星妈却通常都把自己未能实现的抱负强加给孩子，让孩子去实现自己的理想。艾米丽的确希望儿子们对他人的看法和自己一样，但她没有过分强迫孩子们，只是希望儿子们不会批评她不是一个合格的母亲，不会怪她表现不够成熟。艾米丽潜意识中更希望孩子和她一样，并且鼓励他们表达妒忌和叛逆的想法。艾米丽向孩子们传达出了一种信息，即他们的成长会威胁到她，从而牺牲他们的成长，从这种意义上来看，艾米丽的行为符合吸血式母性的定义。

较轻型的吸血母性：卡罗琳和伊莱恩

卡罗琳的例子体现的是较轻微的吸血式母性——“足球母亲”，即从孩子的成就中获得生存动力的母亲。卡罗琳 40 多岁，已婚，她寻求心理治疗的原因是她无法再爱自己的丈夫了，她和原生家庭的关系不好，也没有什么朋友。

她唯一爱的人只有孩子乔西。

卡罗琳认为自己的父母既刻薄又压抑。在她的记忆里，她总感觉自己没有吃饱，也没有人爱她。小时候的卡罗琳身材肥胖，要吃很多食物，而且一般都是她偷来的。成年后，她还是会偷东西和骗人，只不过方式更加隐蔽。她感觉不满足，总感觉别人的东西都应该是自己的，因此对自己能拿到的东西总是理直气壮，理所当然。她不相信别人，妒忌别人，清醒地知道自己有想要破坏他人快乐的想法，她对自己有这样的想法感到不开心。她对任何听起来像是对她或者乔西的批评都异常敏感，一触即发。

卡罗琳认为母亲对食物的态度疯狂而且神秘，总是在吃某些当下流行的奇奇怪怪的减肥餐，并且还试图让她也减少进食。卡罗琳认为母亲想控制她的身体，认为她的身体不完整、有缺陷。从卡罗琳的角度看来，最痛苦的缺陷是母亲和她之间缺少足够的爱。

卡罗琳的父亲郁郁不得志，待人刻薄，喜欢批评别人，经常让人扫兴。父亲喜欢卡罗琳多于喜欢她的哥哥，但是卡罗琳却不敢表达对父亲的爱，也不敢对父亲表现得举止亲密，原因可能是害怕母亲会嫉妒，也可能是害怕和父亲的亲密关系会进一步发展而变得不正常。她把这种对亲密关系的恐惧心理带进了婚姻和人际关系。她不愿意表现出对丈夫和作为心理咨询师的我有任何的需要，但很显然，她需要我们的这种意识才是解决问题的关键所在。

生活中真正让卡罗琳感到快乐和满意的一点是乔西，卡罗琳说，“乔西是发生在我身上的最美好的事”。乔西是她赖以生存的理由。一方面，她对支持乔西所有想做的事很有兴趣，或者说，实际上这些都是她希望乔西想做的事。另一方面，她又极力地寻找各种能证明乔西在骗她的证据，认为这是对她极大的伤害。乔西一方面因为卡罗琳的投入而表现出众，另一方面又感到不安，压力巨大，因为只要自己的学习成绩或体育表现稍有不佳，或者没能获得大家的欢迎和支持赢得某些权力和地位，卡罗琳就会感到生气和失望。我认为，乔西会这么想，说明乔西认为自己的失败剥夺了母亲卡罗琳成功的机会，而这些与自己无关。乔西无法和其他孩子交朋友或者维持关系，卡罗琳对此感到担心，但她没有意识到，她和乔西之所以无法与他人建立良好的关系，是因为她对别人的妒忌以及乔西的权力意识。

卡罗琳注意到了自己的愤怒，意识到自己对乔西的依恋让她牺牲了婚姻，这是不健康的，因此来寻求心理治疗。她担心自己的行为会导致和丈夫之间产生裂痕，她需要丈夫，而且更担心与乔西的关系也会产生裂痕。虽然卡罗琳对乔西有很强的占有欲，但也真的担心乔西过得好不好，真的关心她的成长。她知道，如果乔西与她父亲的关系不好，就会对乔西的成长不利，担心自己不快乐的过往会在乔西身上重演。而且，虽然卡罗琳有时候会嫉妒女儿的成功，但她不想破坏它，而是希望从中找到生活的养分，她能允许乔西有自己的想法和选择。虽然卡罗琳的行为属于吸血式母性，但她并不是一个病态的案例。尽管她把乔西当作自己生活的中心，但能够把乔西当作一个完整的个体，允许她有足够的自主性，确保她们之间的关系不会陷入僵局。

卡罗琳为了参与女儿的生活，差点儿牺牲自己的婚姻和女儿的关系，她非常享受自己的参与，为女儿的开心而开心。有一些女性的做法与卡罗琳相反，她们想要紧紧地控制孩子的人生，例如伊莱恩。伊莱恩快 50 岁了，她寻求心理治疗的原因是丈夫对她没有兴趣，直接导致她对孩子的生活投入过多。伊莱恩在怀上伊拉娜前曾多次流产，她对自己的身体感到失望，因为想要多生几个孩子，但却为时已晚。伊莱恩这么想要小孩，因此对 10 岁的伊拉娜有特别的喜爱也不奇怪，但是伊莱恩有过度的焦虑和保护心理，以至于给自己和家庭造成了痛苦。伊莱恩没有鼓励伊拉娜在学业上好好表现，也不鼓励她参与课外活动，而是监督她，把她留在自己的眼皮底下，认为外面的世界不安全，满是焦虑。伊莱恩不允许女儿去社区的游泳池，哪怕游泳池和家只有几个街区的距离，哪怕还有保镖陪同，她都觉得不安全。在伊拉娜成长的过程中，即使是在有必要和同龄人交往的阶段，伊莱恩也不鼓励她交朋友。

伊莱恩是独生子，母亲婚姻不幸，对她约束很严。在得知这点时，我毫不惊讶。伊莱恩知道自己有多么不喜欢母亲对她保护过度，使她面对外界时很被动，不愿参与。但是，和许多有意识地想要与自己的母亲不同的女性不一样，伊莱恩很像自己的母亲。也许是她的母亲成功地用她独自会面对的危险吓住了她，让她没有其他的选择，而只能重复母亲的模式。这种对孩子过度保护的焦虑心理是一种不太明显的矛盾母性，有这种心理的母亲一般不愿意让自己的孩子（通常是女儿）拥有比自己更多的东西。这种矛盾心理比星妈心理更为隐蔽，也有更多的忌妒。星妈的表现形式比较明显，孩子们很容易辨认和反抗。星妈传递给孩子的信息是“积极和成功”，而不是“待在家里和被动”。尽管这两种母亲都想要控制孩子，但她们对孩子的危害都比不上我将要讨论的吸血式母亲。

恶毒的吸血母性

我在前面讨论的是轻型的吸血母性，与之相比，第二种吸血母性更加恐怖。布拉姆·斯托克（Bram Stoker）的经典恐怖小说《吸血鬼伯爵德古拉》、莫娜·辛普森写的《芳心天涯》和乔安娜·特罗洛普写的《他人之子》，这几部现代小说都很好地体现了吸血母性。许多对《吸血鬼伯爵德古拉》的解读强调的是伯爵的性变态和占有欲，但我想从母子关系的视角来解读这本书，说明读者感到恐惧的原因。布拉姆·斯托克在小说中暗示了母性黑暗的一面，体现了贪婪邪恶的孩子和妖邪惑众的吸血母亲。

和弗兰肯斯坦博士的怪物不一样，德古拉伯爵让人恐怖的地方不在于他的样貌，不在于他如何夸张和讽刺人类，不在于他如何结束人的生命，而在于他彻底绝望的需要，使他和他的吸血鬼完全沦为奴隶。《吸血鬼伯爵德古拉》中涉及的是人类普遍都有的对基本生存问题的恐惧心理，我们害怕在需要的时候，母亲让我们无法相信她能满足我们的需要，不知道将会发生什么。

布拉姆·斯托克生活中的某些特点说明了他的创作想象的来源。一直到八岁，布拉姆·斯托克几乎都是瘫痪在床，由母亲照顾，他是母亲最喜欢的孩子。我们不清楚布拉姆·斯托克得了什么病，只知道他八岁后明显康复了，身体强健、活泼。由于长时间的行动不便，布拉姆·斯托克饱受脆弱、消极、依赖和屈服等心理的折磨，在他发育到恋母阶段时，折磨他的可能还和臣服的心理有关。渴望臣服时产生的快感和恐惧是母亲给他的主要感觉，他的母亲一面照顾他、拯救他，一面用那些死于传染病和脆弱的人的故事吓唬他。而且，由于孩子都会把自己身体不便怪罪到母亲头上，斯托克也许也产生了同样的幻想，认为是母亲使他生病，让他脆弱。因此，斯托克心底害怕那些专横、喜好干涉和控制的女性。

布拉姆·斯托克在 20 多岁时遇到了亨利·欧文爵士，亨利·欧文爵士是位魅力超凡的著名演员，他被朋友们描述为“吸血鬼”。斯托克被欧文深深地吸引住了，他这样描述欧文：“让人惧怕的血腥复仇的妖精，眼神僵硬，他灵活有力的双手缓慢地移动、延伸，像扇子一样。”这与他后来对德古拉伯爵的描述相似。

最终，斯托克成了欧文的私人经理，余下的 27 年都在为他服务。斯托克看似为欧文工作，但却形同奴役。没有证据表明他们之间是同性恋的关系，但欧文似乎有意使斯托克远离女性，把她们视作真正的危险。斯托克把对强势母亲的臣服转变成了对欧文的臣服，并通过伪装的形式表现出来，以此来满足自己潜意识里的渴望。

虽然亨利·欧文可能是德古拉伯爵在现实中的原型，但我想从孩子早期发育的角度来解读这部小说，德古拉伯爵是吸血母亲和吸血孩子的综合体。为什么是吸血鬼呢？那些靠喝人血为生的生命以及“不死”的生命，他们让我们着迷的地方是什么？“不死”是什么意思呢？这部小说写的是对活着的极度需要以及占有的本质。小说中不断地提到，为了获得力量，吸血鬼需要吃饱睡足，还提到脆弱和恢复，提到对传染病和污染（比喻占有）的恐惧，提到生病的小孩的恐惧，以及所有处于脆弱心理和死亡边缘的人的恐惧。

我认为，人们之所以把吸血鬼看作不正常的亲子关系的集合，从某种意义上是从第一滴通过胎盘滋养胎儿的血开始的。当孩子出生时，这滴血变成了另一种温暖的渗液：滋养在夜里醒来的婴儿的乳汁。婴儿着急喂饱自己的样子是冷酷无情的，尤其是当焦虑矛盾的母亲被弄得筋疲力尽时。德古拉被看作怪兽一样的孩子，他永远都没有走出婴儿式的残忍，极度的渴望导致了他无尽的占有欲。

德古拉是个怪兽般的小孩，他把女性变成了坏母亲。他把女性变成了吸血鬼，把她们变成了没有母性的性感捕食者。他把甜美善良的露西·韦斯顿拉（Lucy Westenra）变成吸血鬼，把她变成了美艳的吸血僵尸，靠吸食孩子的鲜血为生。然而，德古拉的冷酷也可能被理解成母性中的攻击性对婴儿的投射。在矛盾的母性中，婴儿被看作刻薄和被宠坏的怪兽，如同吸血鬼和寄生虫。婴儿的需要和对母亲彻底的依赖说明，我们也许可以把德古拉看作对孩子偏执的幻想，他们通过残酷无情的手段来反对母爱的缺失。在幻想中，孩子在任何时候都有掏空母亲的力量。在健康的亲子关系中，母亲会回应孩子的需要，而吸血式亲子关系则与之不同，吸血鬼的人生是受限制的。他们生存艰难，白天必须躲起来，只能在晚上觅食，必须小心谨慎地找一个受害者。吸血鬼神秘的特征代表了对养育的不确定性，对无所不能和冷酷无情的防御式的幻想。德古拉伯爵的身体有着罕见的强大力量，有把人转变成吸血鬼的超自然能力，书中描述了他在晚上活动时间的样子。在白天，他是不死的，并且能把他需要的人变成不死人，不死人不会变老，不会死去，但也不是真的活着。这种状态意味着对他人永无止境的依赖，意味着被他人无休止地占有，带有消极和屈服的意味，而且是无法自我抉择的，无法改变，没有个性，也无法与人建立亲密的联系。“不死人”这个词多少在理论上描述了被母亲占有和控制的危险，她一边依靠孩子存活，一边又毒害孩子。

小说中有几段非常有名的描写，说明了吸血鬼小孩（从母亲的角度）和吸血鬼母亲（从孩子的角度）的双重主题，我先从吸血鬼小孩的角度开始讨论。德古拉伯爵在白天处于不死的状态，被他囚禁的乔纳森·哈克（Jonathan Harker）看到过两次，下面是描述乔纳森·哈克第一次看到伯爵的场景。

> 他要么是死了，要么是睡着了，我无法判断，他的眼睛睁着，一动不动，但是又不是那种目光呆滞的死人的眼睛。他的脸颊苍白，但是还有生命的温度，嘴唇依旧红润，可是他的整个身体一动不动，没有脉搏，没有心跳，没有呼吸。我看到他那双僵直的眼睛里突然冒出了仇恨的怒火，或许他根本不知道我在这里，但是我还是被吓得拔腿就跑。

哈克被德古拉伯爵充满仇恨的样子吓跑了。伯爵看起来像是吃饱喝足但却消极、暴怒的孩子，他因自己缺少权力和控制而产生仇恨，并且把仇恨宣泄在所有活着而且对他的存活非常重要的人身上。德古拉极度地想要控制自己的情感联系和生存资源的来源，但却不断地失望，最终只好从报复中寻求庇护。

当哈克第二次在棺材里看到伯爵时，他感觉到了不一样的恐惧和恶心。

> 伯爵依旧躺在箱子里，但是看上去却比以前年轻了许多。他那白色的头发和苍白的胡须也变成了铁灰色，他的脸颊更加丰满了，原本苍白的皮肤看上去红润了不少。他的嘴唇上还残留着血迹，看上去也比以前更红了，鲜血顺着嘴角滴到他的脖子和下巴上。他的眼睑和眼袋都肿了起来，那双有着深邃目光的眼睛就像陷在了一堆浮肉里，他看上去像是一具被血充胀起来的可怕的动物。他躺在那里，就像是一个刚吸饱血的筋疲力尽的脏蚂蟥。

哈克这次的反应则是恶心多于恐惧。那时的德古拉喝得饱饱的，正在休息，这代表了婴儿吃饱喝足后的满足和快乐：精力恢复，焕然一新，但却被视作丑陋恶心的蚂蟥和怪物。孩子吃饱后满足的样子在这里被描述成贪婪和堕落，从嘴角滴落的不是乳汁，而是“鲜血”。他的脸色红润，但感觉却是不健康、不正常的，他看起来像个“可怕的动物”和“脏蚂蟥”。

我猜想斯托克的恶心是针对自己的：那个躺在床上病恹恹的孩子虽然有母亲喂养和照顾，但是充满了无助，感到非常被动，而恶心之处还不只有这些。婴儿吃饱喝足后的幸福满足是第一个失乐园。当婴儿逐渐长大、成熟后，父母希望他们能够等待、忍受失望和不舒服。有些快乐明知是不可能得到的，但也无法彻底地放弃。如果一个人对自己曾经的样子或者曾经喜欢的东西感到嫌恶，就仿佛有了强大的同盟力量，能够抵制自己不切实际的幻想。尽管我们很想像婴儿一样，但是我们不可能永远都是婴儿。第二段是对抑制的婴儿的愿望的极端描写，哈克用嫌恶来表示他的抵制。第一段写的是对没法实现愿望的无助害怕。在棺材的场景下，我们看到了伯爵展示给外界的强大形象背后的“真实心理”。

第三段通过露西·韦斯顿拉的故事描写的是吸血鬼母亲。露西的故事说明了女性性欲和母性渴望之间的张力，这是这部小说的第一批读者——维多利亚时代的人很关心的事。小说最初把露西描写成一个漂亮单纯的年轻女人，她欣赏男性，已经订有婚约。因为很快将要为人妻，露西朦胧地感觉到自己对性的渴望和风情万种。在她变成了吸血鬼后，她公然地展示自己的魅惑。在似乎快要死的时候，她用一种“似乎亚瑟从没有听她说过的”“柔软的、充满肉欲的声音”请求未婚夫亚瑟吻她。

露西死后不久，就有报纸报道有小孩失踪，说他们晚上在外面玩时曾经见过一个美艳的僵尸女士，有几个小孩的脖子上留下了咬痕。当人们打开露西的棺材时，看到她正在咬一个小孩的脖子。

> 一个黑头发的女人，穿着尸衣，她正伏在一个看上去是金色头发的孩子身上，间歇有一阵停顿和一阵尖厉的叫声，就像一个孩子在睡觉时发出的一样。我们认出了露西·韦斯顿拉，但是她已经变了：甜美变成了无情和残酷，纯洁变成了放纵和奢逸。通过集中射在露西脸上的光，我们看见她的嘴唇上都是鲜血，血顺着她的下巴向下滴着，玷污了她的麻布尸衣。
>
> 当露西看到未婚夫时，她的眼睛闪着邪恶的光，脸被淫荡的微笑所扭曲。突然，她躺在地上，像魔鬼一样无情地对着那个她一直都紧紧抱在胸前的孩子咆哮着，像是一条狗对着骨头咆哮。这个举动是那么冰冷，亚瑟呻吟了一下。

露西由于性欲而扭曲的母性不仅对于维多利亚时代的人来说是恐怖的，对我们亦是如此。整个社会都对此感到不安，认为女性失控的性欲和母性格格不人。露西体现的也是一种邪恶的吸血母性，她们通过孩子来供养自己，而非供养孩子。

下面一段引文也跟吸血母性有关，这一段写的是德古拉伯爵。他逼迫他占有的孩子——乔纳森·哈克的妻子米娜，吸收她的“养分”，体现了吸血式母性最恐怖的一面。

> 在靠近窗户的一侧躺着乔纳森·哈克，他的脸通红，呼吸沉重，像是已经昏迷了。跪在床沿、脸朝着外面的是他的妻子，站在她身边的是一个又高又瘦的男人，全身都穿的黑色。他的脸背对着我们，但是在我们看见他的一刹那，我们都认出了那个人就是伯爵。他的左手抓住哈克夫人的两只手，并且紧紧地拉住它们；他的右手抓住了她的脖子，将她的脸压在哈克的胸口上。她的白色睡衣上面染满了鲜血，哈克的衣服被撕开了，一股鲜血像细流般从他裸露的胸膛淌下来，他们的姿势就像一个孩子将小猫的鼻子摁进一碟子牛奶里强迫它喝下去一样。

后来，米娜描述这次经历时说：“很奇怪，当时我并不想阻止他。当他碰到受害者时，受害者就好像中了魔咒一样。”伯爵告诉米娜，一旦她喝了他的血，他们的心智就会建立联结，他就总能知道她的位置。他们会是一个整体。这种联结是小说中表达的最原始、最令人恐惧的焦虑，意味着个体自我的消失以及自主感、凝聚力和独立的湮灭。

当伯爵逼迫米娜从他的胸口喝血时，他成了一个逼迫孩子喝乳汁的母亲。孩子会把母亲的拒绝或者疏远当作受迫害的经历，同样地，孩子被母亲逼迫、对距离的需要和愿望不被母亲认同的感觉也如同迫害一般。母亲们的乳汁是毒药，是孩子们既渴望又恐惧的源泉。从米娜的话“我并不想阻止他”中，我们能看到米娜的矛盾和迷茫，尽管伯爵逼她喝的是有毒的东西，但她仍然充满了渴望和需要，像是伯爵的孩子一样，她无法为自己的独立和自由与伯爵抗争。

莫娜·辛普森在 1986 年出版的恐怖小说《芳心天涯》中，以现代的故事场景描写了另一种同样有害的吸血母性。在这部小说中，母性成了表达问题个性的模板。离婚后的单亲母亲阿黛尔·奥古斯特（Adele August）带着十几岁的女儿安生活，她把女儿当作自己的双胞胎姐妹，当作自己的延伸，当作用来获得满足的工具，当作她在犯罪和幻想时的伙伴。《芳心天涯》从表面上看是一部简短的女性公路小说。评论家沃克·珀西（Walker Percy）把母女俩描述成“美国原创的”女性，认为安是“新时代的哈克·费恩”。但在我看来，这篇小说写的是一个黑暗的、让人不安的吸血式母亲的故事，伪装在“真正的、彻底的爱”和“情感的亲密”下的吸血母性。在小说结尾的时候，阿黛尔这样告诉读者：“安是我存在的原因。”阿黛尔这么说的意思是指，安既是她的女儿又是她的母亲。她靠安而活，不给安独立的情感空间，剥夺她在真实世界成功生活的机会。

阿黛尔把安看作自己孩童时代的延续，安代表了她身上需要的那部分。她有时会不合时宜地过多地干扰安，有时候侵入式地“亲近”她，有时候对安又是虐待式的冷漠，她对安的态度在过分“亲近”和冷漠之间游走，不让安拥有自己少女时期的需要、对私人空间和友情的需要、对父亲的需要，甚至不让安有一个带有正常家具的稳定的家，不让安有自己的床、书桌等，也不让她有定期的饮食。小说大部分都在记述她们的公路旅行，安和阿黛尔睡在同一张床上，吃同一盘食物。“我和妈妈之间的问题在于，我们在日常的相处中总是一模一样。”安说。她们必须一模一样，阿黛尔害怕安有任何独立的迹象。

安很努力地去爱她的母亲，把她当一个靠谱的家长来看待。她的话体现了她的矛盾心理，“即使你恨她，无法忍受她，即使她在毁掉你的生活，但她身上还是有让你爱的东西，有一些浪漫，有一些力量。她绝对是她自己。不论你多么努力，你都无法完全理解她”。当然，安的这段话体现了她对阿黛尔的欣赏，但也说明阿黛尔没有真正地倾听女儿的心声，没有意识到女儿的需要和她是一个独立的个体这件事。“我不想总是和妈妈在一起。你是一个人，但她在附近。妈妈必须要有这样的感觉，但我觉得那是她喜欢女儿的原因之一。你从来都不会是一个人。”阿黛尔不会独处，她也无法让安独处。她不断地破坏安在学业上的成就和约会，但这还不是最糟糕的，她们母女关系中最糟糕的地方在于，阿黛尔还会侵犯安的身体隐私。安描述了一个可怕的场景——阿黛尔帮她揉背助眠，这个曾经让她感到愉悦的动作现在却让她感到害怕。

晚上，妈妈把我的睡衣拉着脱了下来，她感受我肩膀上柔软的头发，我不再是她的孩子，而是一种可以被她任意处置的原始的生物。她会拉下床单，脱下我的睡裤，拍打我的臀部，我的双臀在她的拍打下变得紧张。她看着我，并对我的肚子吹气，仿佛要完全地占有我。她亲了我的嘴唇，我回避了。当她的手放在我的睡裤松紧带上时，我僵住了，推开她说道：“不要。”

“我不明白为什么不要，”她说，“为什么不让我看？你的身体这么可爱。我难道不能为我创造了这么美好的身体感到骄傲吗？”她这样看着我，似乎仅仅这样看着我就能从我身上带走某些东西。

尽管阿黛尔没有做出什么实际的乱伦举动，但她把安的身体当作自己的所有物。《吸血鬼伯爵德古拉》中，德古拉伯爵通过合体和侵犯来实现对他的吸血鬼的占有；《芳心天涯》中，阿黛尔出于自身的绝望和需要，进行对安的占有。安和阿黛尔的关系中的吸血特性还表现在她们都只吃固定的食物，比如带血的肉和甜牛奶做的食物：阿黛尔晚上必须要吃一个甜筒冰激凌；她们都喜欢吃生牛排，而且不论在哪里吃饭都点生牛排；她们都喜欢吃带甜点的大餐，一直吃到满足为止。此外，阿黛尔不让安长大，不让她向前，不让她做决定，阿黛尔的这种需要其实是在把女儿变成一个“不死人”，她剥夺了女儿自己的生活，让女儿完全受缚于她。

在另一个场景中，安在地下室看电视，阿黛尔对此很生气，因为安没有和她一起在楼上看电视。当她责备安移动臀部的样子时有那么一瞬间的精神失控，当时安 10 岁。“有人侵犯你了吗？”她情绪激动地问安。安感到绝望，缩在浴室的一个角落里，出现了暂时的分裂状态。她感到被阿黛尔的兴奋和焦虑侵犯了，突然而来的恐惧和愤怒让她难以承受。当这个暴力的精神碰撞结束，安这样看待阿黛尔：

> 她恨你。她心里特别恨你，纠缠你，直到杀死你。你知道自己必须起来。你想闭上眼睛，不想去思考，让眼前的混乱变成一片漆黑，就像尝牛排一样尝嘴里的血，然后让她轻轻地触摸你，把你带到床上，尽情地把你吃完。

安描述的是被母亲吸血的经历，母亲引诱她放弃自我。但她知道，母亲的母爱投入是种伪装，她其实真正想要的是通过自己的女儿来得到自己想要的东西。她还知道母亲好妒忌，希望宠坏自己的女儿，毁掉她，占有她，就像德古拉伯爵对自己的吸血鬼那样。

阿黛尔的行为是边缘型人格的表现，我强调她具有几种心智和性格特征。除了有时候太过愤怒和焦虑导致难以自已外，她的精神在通常状况下都是正常的，但她对自己和他人的看法总是有不切实际的理想化或者贬低化。她的世界只有好人和坏人两种人，被她归入这两类的人永远都不会有交集，对她来说，好、坏两种特性也不可能存在于同一个人身上。在阿黛尔心里，安要么是邪恶的怪兽，要么就是她的拯救者，她从来就没有把安看作一个正常的孩子，而是看作一个有优点、有弱点、有需要、脆弱的孩子。

阿黛尔无法很好地处理自己的矛盾心理，无法理解人是矛盾复杂的个体，无法理解好坏是可以共存的。她渴望拥有无所不能的力量，以及数不清的财富和浪漫的情感。她感觉自己的内心缺少了某种东西，因此她需要更多、想占有更多。阿黛尔无法引导安正常地成长，因为她自己缺乏安全感，内心世界还处于原始阶段，期待被有能力的父母拯救，而没有想过凭借自己的能力和资源。

不过，安最后还是能够离开阿黛尔。安与外婆和姨妈有着非常健康正面的关系，她们都很支持安，在安心里，她们是成熟的女性榜样，并且能依靠她们。安离开的时候，她表达了对阿黛尔的同情："当我想起我的妈妈时，我会记得她有多么年轻。"实际上，阿黛尔不仅年轻，而且在心理上也没有做好当母亲的准备。从这种意义上来说，阿黛尔也已经尽力了。尽管她对安的过度干涉看起来不够正常，但也好过那些对孩子毫无兴趣和漠不关心的母亲。

我无法想象安以后的结局。不过，我能够预见她未来的挣扎，纠结于潜意识里对阿黛尔的认同会使她未来做母亲时重蹈覆辙，重复阿黛尔的老路。但我猜测，安会有意识地成为像外婆和姨妈一样的女性。就像前文中提到的瑞秋一样，她也是有意识地避免成为母亲那样的人，而更多地向奶奶瑞芙可学习。像很多女性一样，安也会面临着对自身母性的黑暗面的挣扎。

在乔安娜·特罗洛普写的小说《他人之子》里，纳丁是一个离了婚的单亲母亲，有三个孩子，为了报复前夫和他的新婚妻子，她剥夺了三个孩子的很多需求，让他们忍受贫困和寒冷，不给他们足够的受教育的机会。三个孩子都知道，如果他们表示还爱父亲，而且与继母维持良好的关系，那么母亲就会认为他们对她不忠，认为他们在伤害她。纳丁知道，没有孩子她就无法生活，但她却制造出一种孩子没有她就活不下去的假象。她有些钱，但却不愿意工作，不想住更好的房子，一旦有孩子对此提出反对，她就会发脾气，暴怒得让人害怕，还暗示她会伤害孩子或者伤害自己。然后，她又会用美食诱哄孩子，或者不承认彼此之间的重要性。和阿黛尔对安的方式一样，纳丁对孩子的态度也是如此：孩子要么是她的全部，要么就什么都不是，只是一群不知感恩并且背叛她的坏家伙。她分裂的内心世界只有两种人：理想化的人物以及坏蛋。孩子也是那个世界的一部分，纳丁没有心理能力把他们看作孩子，她也看不见孩子们的需要，看不见自己对孩子的剥夺。

虽然阿黛尔和纳丁有不一样的地方，但她们的心理都有一定的问题。她们失望后，会充满激情地投入新的项目和爱好，会有新的雄心抱负，这是她们拒绝失败并从失望中走出来的方式，而她们对真实自我的定位不够明确。小孩需要属于自己的私人空间，需要有人照顾他们的身体，需要舒适的感觉，需要鼓励和学习，需要朋友和可靠的社交环境，但这些都被他们的母亲牺牲了。她们不愿意面对现实中的困难，活在以自己个人力量为主导的假想的世界中，无视孩子的需要。在阿黛尔和纳丁的例子中，阿黛尔的女儿安和纳丁的大女儿贝基都能够设定界限，她们拒绝为母亲的需要牺牲自己的人生。这两个案例的另一个相似之处在于，安和贝基的生活里都有一个强大的人物形象，在允许和必要的时候，这些人物承担了家长的角色。对于安来说，这个人是她的外婆；对于贝基来说，这个人是她的父亲。在和纳丁有过激烈的斗争之后，贝基努力让自己：

> 不要想她的爸爸，不要想她多么希望爸爸在身边。她不断地回忆爸爸在的时候，爸爸能让她觉得生活中还有其他可以依赖的东西，而且还有其他值得努力的目标，这些东西会产生神奇的、强大的结果。没有爸爸在身边，贝基失去了对未来的意识，不会觉得拐角之处还有期待，害怕未来一

直是今天的重复。

从心理学的角度看，对于安和贝基这样的孩子来说，生活中若能遇到某些心智健全和慈爱的人并对他们产生认同感，她们的人生就会得到拯救。吸血母性是一种微妙的虐童形式。吸血型母亲通常不会伤害孩子的身体，但是会蚕食孩子的自我感，侵蚀他们的现实意识和自信，对他们的人生产生毁灭性的影响。

The Monster Within:

The Hidden Side of Motherhood

第 11 章

母性中至暗的一面：杀子

2001 年 7 月 2 日，《新闻周刊》刊登了一篇令人震惊的题为《“我杀了我的孩子们”：是什么使安德烈·耶茨失控》的文章，随文章附上的是一张其乐融融的全家福：安德烈·耶茨和丈夫罗斯蒂，以及他们的四个儿子，照片中的一家人一脸笑容。在拍这张照片的时候，安德烈已经怀上了第五个孩子——女儿玛丽。距离拍完这张照片还不到一年的时间，安德烈·耶茨饱受产后抑郁症和精神病的折磨，心力交瘁，在 6 月 20 日把自己的五个孩子全部溺死。

2005 年 10 月 25 日星期四，《旧金山纪事报》（*San Francisco Chronicle*）的头版新闻报道了单亲母亲拉莎文·哈里斯（Lashaun Harris）溺死了自己的三个孩子的故事。拉莎文·哈里斯，23 岁，是一个单亲母亲，她把自己的三个儿子（分别是六岁、三岁和一岁）从码头丢进了太平洋冰冷的海水中，导致三个孩子全部溺亡。拉莎文患有精神分裂症，但没有接受治疗。

1994 年，苏珊·史密斯（Susan Smith）承认自己将两个儿子溺死在南加州的一个湖里。这条新闻当时震惊了整个美国。

杀子事件都是重大的新闻，以上三个案例中母亲杀子的方式都是溺死。当然，并非所有母亲的杀子方式都是溺死孩子，但让我感到震惊的是，以上三个母亲都无法处理好自己的母亲角色，并在那些崩溃的时刻“选择”将孩子送回“子宫”，哪怕是一个冰冷致命的子宫。在她们精神错乱麻痹的时候，她们无法照顾孩子，但又不想放手，于是做出了象征“回收”孩子的行为。

杀子是我们能够想象到的最极端、最让人震惊的母性矛盾心理的表现方式。然而让人好奇的是，比起为了自己而占有孩子的心智和意愿，从而让孩子的生命了无生机的吸血式母性，杀子的心理更容易理解，也没有那么恐怖。如果我们研究案例，就会发现几乎所有杀子的案例都是母亲绝望的结果，她们对眼下的情况感到绝望，无法继续抚养孩子。

杀子，尤其是杀婴，这类案例自人类社会诞生的时候就有，在所有的文化中都存在。在最近的一项针对杀子母亲的研究中，谢丽尔・迈耶（Cheryl Meyer）和米歇尔・奥伯曼（Michelle Oberman）强调，杀婴罪“是当孩子的母亲在某些特殊时间和地点的情况下，无法照顾自己的孩子时会犯的罪”。根据谢丽尔・迈耶和米歇尔・奥伯曼的研究，历史上导致母亲杀婴的因素包括贫困、未婚生子、重男轻女以及精神错乱。到了 20 世纪，心理疾病成了杀子的主要原因，来自外界社会的压力以及女性的内心状态，使得做母亲和养育子女变得越来越难。

在报道了安德烈・耶茨的悲剧故事后，《新闻周刊》在同一期内容里对产后抑郁症进行了长篇报道。之后，安娜・昆德兰在其主持的“最后的话”专栏中写了一篇题为《失眠时扮演上帝》的文章。她在文中谈到，尽管很多母亲无论怎样都不会杀害自己的孩子，但她们很能理解安德烈・耶茨的崩溃。安娜・昆德兰说，所有的母亲都体会过这样的情绪：“对孩子的爱交织着恐惧、脆弱和无法避免的愤怒。”

三个星期后，7 月 23 日的《新闻周刊》刊登了 14 封读者来信。在这些信中，读者谈论了自己做母亲时的经历和抑郁心理，表示她们能理解安德烈・耶茨的困境，并且感谢《新闻周刊》的编辑们把这个普遍存在的问题带入了公众的视野中。读者在表达完自己的感激之情后纷纷说出了自己的苦楚，这反映了母亲普遍对自己的产后抑郁心理感到羞愧。产后抑郁被视为母性矛盾心理的一个方面，因此母亲们总是怀着内疚和惭愧的心理。虽然很多人认为，好的母亲不会抑郁，但实际上，她们也会抑郁，只不过她们的内疚感和羞愧感让她们拒绝承认自己所处情况的严重性，拒绝接受治疗。

1922 年，英国通过了《杀婴罪法》，单独设立了一种罪名——杀人罪（manslaughter），规定若一个母亲杀死了自己的孩子，且孩子不足一岁，则按杀人罪论，这比谋杀罪的罪名要轻。这种规定承认了母亲的杀婴行为和她们的心理状态受到了怀孕和分娩的影响是可以减轻处罚的。荷尔蒙和其他生物化学变化、抑郁倾向、潜在的个性问题以及困窘的生活条件，都是造成产后抑郁症的原因，更严重的还会导致产后精神病。

在讨论《罗斯玛丽的婴儿》时，我提到罗斯玛丽可能患有围产期精神病，她把孩子看作怪兽。患有这些精神病的女性可能会杀害自己的孩子，因为她们害怕生出的孩子会是穷凶极恶的怪兽，但其实她们真正想的是保护孩子，避免孩子受到她们投射的攻击性的危害。在上文提到的三起杀子报道中，在这些母亲们看来，杀死自己的孩子是利他的行为，她们认为比起和她们这样的母亲在一起，孩子死了可能会更好，而且她们往往也会自杀。《坏种》中克里斯汀就是这么想的。克里斯汀的母亲是个杀人犯，女儿罗达似乎是母亲的转世，克里斯汀的内疚心理注定认为罗达会死，然后她又想杀死自己：一是因为她生了这个“坏种”，二是因为她杀害了自己的孩子。她杀死罗达，避免她再伤害其他人，这是她杀子的利他表现，但她又认为自己对孩子的死负有责任，无法再继续活在这个世上。

安德烈·耶茨杀子的行为可能也存在部分的利他心理。她显然考虑过自杀，甚至尝试过自杀，说明她心里有种声音命令她杀掉自己的孩子，她感觉自己的精神错乱和恨意会传给孩子。而且在我看来，安德烈·耶茨感受到的恨意几乎是无法避免的。

安德烈·耶茨的父母生了五个小孩，她排行最末，是个乖孩子，表现出众，父亲对她抱有很高的期望。安德烈的丈夫罗斯蒂同样是个表现出众的人，从新闻的字里行间可以看出他貌似比较苛刻和严格。对于安德烈来说，相夫教子是人生的一项任务，她期待自己做到完美。她有五个孩子，年龄都不超过七岁，这些孩子都在家里接受教育，由她亲自教，她没有时间考虑自己的需要。安德烈和罗斯蒂的家庭更像一个小家庭，没有其他人的帮助和支持，完全地与世隔绝。安德烈曾接受过护工培训，她花了很多时间照料患有痴呆症的父亲，而父亲在她生完第五个孩子后不久就去世了。安德烈在生完第四个孩子后患有严重的产后抑郁症，医生建议她不要再生孩子。但很明显，她和丈夫都没有把医生的话听进去，他们认为如果上帝想让他们有更多的孩子，他们就应该把这些孩子都生下来，照顾他们。安德烈认为自己可以，认为自己应该做好一切。尽管她可能表面上表现得很正常，但父亲的死如同最后一根稻草，使已经患有产后抑郁的安德烈滑向了崩溃的边缘。她心里一直有种声音告诉她，要杀害自己的孩子，而她最终也这么做了。

在《穿越风雨：我的产后抑郁症之旅》（*Down Came the Rain*）一书中，波姬·小丝（Brooke Shields）用敏感的笔触讲述了自己患产后抑郁症的经历。波姬·小丝承认自己是一个完美主义者，她怀孕和分娩的过程不太顺遂，并且对此感到非常失望。当她感到抑郁的时候，她责备自己不是一个完美的母亲，没有像自己预期的那样很好地理解孩子。在生完孩子几个月后，她深爱的父亲去世了，这一消息将她推到了崩溃的边缘。聪明的波姬·小丝后来意识到“不完整的哀悼”的影响：对逝去的亲人感到内疚的心理，使她无法“爱上”自己的孩子。在这种情况下，对她进行治疗和适当的抗抑郁药物会有助于避免悲剧的发生。

然而，安德烈·耶茨的情况则有所不同。在我看来，安德烈不仅失去了至爱的父亲。在许多事情都需要她处理的情况下，安德烈还花了大量的时间来照顾父亲，她对父亲尽心的照顾似乎代表她在努力地拒绝自己对父亲的恨、对五个孩子的恨，父亲和孩子们对她的需要从不间断、穷追不舍。由于这些需要也是她内心的意识，因此很难得到满足。在安德烈的潜意识里，她可能希望父亲死去，同时又认为自己应该对此负责。这么说来，安德烈的杀子行为是否包含了某种自我惩罚的意味，比如“我不值得拥有孩子”？是不是安德烈潜意识的乱伦幻想在精神错乱的时候变成了现实，使她认为孩子是乱伦的产物，因此她必须要杀害他们？这些想法让人很不舒服，难以接受，因此不可能在审判和新闻故事中出现。但从心理分析的角度来看，当一个人的心智无法把潜意识的幻想同现实区分开时，可能会导致沉重的结果。

我不想弱化与世隔绝的生活方式对安德烈的影响，这种影响是极端的，但也是她强加给自己的。因为宗教信仰的原因，安德烈和丈夫都追求自我牺牲和自给自足的生活方式，周围的人对此也很质疑。正如安娜·昆德兰指出的那样，社会期待母亲们把一切都做好，母亲们也这样自我期待。人们有权决定自己生多少个孩子，不论这对孩子有没有害处，这种权利从未受到过质疑。在《第五个孩子》中，海蕊因为贪婪生孩子而受到了惩罚，而安德烈受到的惩罚则更具悲剧性。

精神创伤情况下的母性：托妮·莫里森的《宠儿》

我在心理治疗从业生涯中从未遇到过杀子的案例，也没有遇到过特别想杀死自己孩子的病人，但我碰到不少害怕自己会伤害孩子的女性，比如我在第 6 章中提到的瑞秋。其他女性在表达自己的愤怒情绪时，也会说要杀死自己的孩子："我想杀死她！""我想用棒球棒打他的脑袋！"她们说这些话的时候的确是这么想的，但不会这么做。

其实，我治疗过的有的病人的孩子因为病魔或者事故夭折了，这对孩子的父母以及治疗他们的医生来说都是最糟糕的情况。她们对此感到深深的内疚："我没能保护好她。""要是我不让他去参加派对就好了。""如果我能早点儿看出症状，也许就会有人能救我的孩子。"这种沉重的痛苦似乎永远都不会消退："我将永远无法恢复过来。"但实际上，她们是会恢复的，只不过失去孩子的痛苦是失去其他事物的痛苦所无法比拟的。因为孩子没有机会长大，许多可能性没有变成现实，这种痛感难以用语言描述。在安妮·泰勒（Anne Tyler）的小说《意外的旅客》（*The Accidental Tourist*）中，主人公梅肯的儿子伊桑意外被人枪杀，他应对痛失爱子的方式是想象儿子在天堂里长大，让这些可能性在其他地方成为现实。人们会因为自己无法阻止孩子死亡而感到如此痛苦，而对于那些亲手杀死自己孩子的母亲们来说，她们又该有多痛苦呢？

如果我没暂时不考虑社会情况，导致女性杀子行为的心理动机和矛盾冲突是什么呢？报纸和杂志上的文章报道的往往是社会情况和母性心理疾病，但由于各种原因却无法进行深层次的分析：首先，这些母亲的心理问题状况已经到了非常严重的地步；其次，当新闻报道事件的时候，这些母亲们通常已经在监狱里服刑或者被逮捕了；最后，许多读者对这些并不是真的感兴趣。读者对《新闻周刊》关于安德烈的报道之所以如此关注，很大程度上是因为他们感谢编辑曝光了产后抑郁症及其引起的痛苦经历。

关于这些极端的心理状态，我再一次在文学案例中找到了丰富的素材，选取了托妮·莫里森的《宠儿》和欧里庇得斯的《美狄亚》来讨论。尽管《宠儿》和《美狄亚》的叙事方式非常不同，但它们描写的都是黑暗、让人不安的故事。和所有杀子的故事一样，不论是现实生活中的案例还是文学虚构的故事，两部作品都写到了当孩子的母亲遭受严重的心理抑郁和精神痛苦时，母亲和孩子之间的纽带遭到了创伤性的破裂。

《宠儿》是托妮·莫里森获得普利策文学奖的作品，在读该作品时，我时不时感到震惊和恐惧。《宠儿》的故事情节虽有虚构，写作手法也较魔幻，但对心理的描写非常细致、成熟、淋漓尽致，让人振聋发聩。它描写了主人公的杀婴故事，由于外在环境十分险恶，以至于从母性的黑暗面来分析，它看起来也很“正义”，仿佛带有神圣的基础和底气。《宠儿》是一部关于美国奴隶制的小说，这个制度使美国黑人遭受了长达400年的残害、歧视和侮辱，破坏了他们的家庭情感纽带，忽视了他们作为人类的基本需要，给美国黑人造成了巨大的情感创伤，这种制度留下的后遗症至今仍然影响着美国黑人的后代。这部小说基于真实的故事，毫不留情地揭示了奴隶制对美国黑人造成的苦难和摧残。

“宠儿”是塞斯女儿的名字，她在出生时就是奴隶的身份。塞斯的母亲也是奴隶，塞斯出生后，母亲只哺乳了她两三个星期，就把她交给黑人乳母南喂养，自己返回水稻农场劳作，南喂饱了白人婴儿后，再来喂塞斯。当塞斯的母亲被杀害后，塞斯被卖给了肯塔基州的加纳先生，加纳先生拥有一个小型的种植园——“甜蜜之家”。塞斯在“甜蜜之家”的待遇比以前相对好了些，她负责照顾加纳先生，14岁的时候“嫁”给了奴隶黑尔，并很快生了四个孩子。加纳先生死后，种植园由他的姐夫“学校老师”接管。“学校老师”残忍冷酷，经常羞辱和虐待奴隶，使他们忍无可忍，制订计划要逃跑。他们的计划进行得不太顺利，但是塞斯还是把自己的三个孩子——霍华德、巴格勒和宠儿送上了马车。马车上没有多余的位置了，因此有孕在身的塞斯只能徒步跟在后面。塞斯的第四个孩子丹芙在半路上出生了，这一路充满了艰辛，但塞斯还是到达了俄亥俄州，与自己的婆婆贝比·萨格斯团聚。贝比·萨格斯一生为奴，最后靠自己唯一活着的儿子黑尔帮她赎身获得了自由。在婆婆那里，塞斯第一次感受到了自由，第一次有“母亲”照顾她和她的孩子。

好景不长，一个月后，“学校老师”和另外三个男人依据臭名昭著的《逃亡奴隶法案》（*Fugitive Slave Act*）来抓塞斯和她的孩子们回种植场继续当奴隶。塞斯陷入了极端的绝望，甚至出现了精神分裂。为了避免孩子们被带回去，她试图杀死孩子。等大家发现时，宠儿已经死了，其他三个孩子则被救了下来。

小说开始的时候，时间设置已经是 18 年后，那时贝比·萨格斯已经去世，霍华德和巴格勒也已经逃出家门，走上了南北战争的战场，只有塞斯和丹芙两人住在闹鬼的房子里，鬼魂就是被杀死的宠儿。“甜蜜之家”中的六个奴隶都死了，唯一的幸存者保罗找到了塞斯母女，赶走了“鬼魂”，但“鬼魂”后来又以真人的样貌重新出现，变成了一个 18 岁的陌生女人，言行举止像极了死去的宠儿。

在塞斯逐渐意识到这个陌生的年轻女人是宠儿回魂后，她发誓要弥补她。塞斯试图努力地补偿宠儿，试图修复她们之间的情感纽带，她们被这个悲剧折磨得太久了。塞斯尝试着弥补宠儿，修复她们之间的纽带，其实这是悼念和恢复的一种表现，但塞斯的努力却没有起到作用。宠儿无法原谅塞斯。宠儿的举止越来越乖张，不断地向塞斯“索爱”，让塞斯无力承受，最后丹芙和镇上的其他女人一起把宠儿赶走了。到那个时候，塞斯才完成了她的悼念，重组曾经尘封破碎的过去。

《宠儿》的叙事恢宏复杂，以上是这部小说的故事梗概。我想从心理学的角度窥视其中的几个方面，即关系到母亲和孩子之间的纽带遭受到创伤性破坏的几个方面：塞斯和母亲的关系，她和母亲的关系对她和孩子的关系的影响，以及杀子如何体现了母性中的黑暗面，悼念和重新开始生活对塞斯和丹芙生活的影响。

塞斯对孩子们的爱是强有力的。故事的叙述者莫里森认为，塞斯对孩子们的爱是“基本”的事实，塞斯在对保罗的坦白中以及自己的独白中都体现了这一点。塞斯说她的孩子就是她的一切，是她“最好的东西”。她嫁给黑尔并没有真正得到承认，但却和他生了孩子，孩子长大后就会被带离她身边，尽管塞斯下意识地不承认这种现实。她的孩子属于她。《宠儿》书中许多地方提到了女性奴隶，她们拒绝与自己的孩子产生情感上的依恋，因为她们知道孩子最终会被带离自己。塞斯的母亲有过几个孩子（与白人生的孩子），她将孩子生下来就“扔开”了，拒绝给孩子哺乳。塞斯的父亲是黑人，塞斯的母亲很爱他，因此塞斯出生后得到过母亲的照顾，但很短暂，然后塞斯就交由乳母喂养。尽管塞斯无法得到母亲的喂养和照顾，但她仍然需要母亲。获得自由身的贝比·萨格斯成了塞斯的母亲以及整个社区孩子的母亲，但她却记不起或者不愿意回忆自己的七个孩子：这七个孩子都被卖了，只有最小的孩子黑尔留在她身边。无论是在现实意义上还是在象征意义上，奴隶之间的母子联系都被无情地扼杀了。

由于加纳夫妇是相对较有同情心的奴隶主，因此塞斯可以照顾自己的孩子，尽管她还要在家里和田里辛苦地劳作。从这种意义上来说，塞斯在照顾孩子上具有优越性，但是仍然很受限制，也无法阻止孩子被卖的命运。她告诉宠儿，没有女人教她编辫子、教她如何照顾婴儿。她的孩子发育滞后，但她还是能够亲自给孩子哺乳，这对塞斯来说非常重要。塞斯自己是由母亲哺乳和照顾的，尽管时间十分短暂。“我知道不能喝本该属于你的奶水是什么感觉，让你不由自主地去抗争和吵闹，想要喝得一点儿不剩。”她告诉宠儿。塞斯能够选择逃离，能够用自己的乳汁喂养孩子，让孩子们安全地抵达他们奶奶的家，这些都是令她骄傲的理由。当塞斯跋涉了几个星期到达贝比·萨格斯的住处时，宠儿已经能爬了，说明只要有足够的时间和母爱，塞斯和她的孩子们以及所有人的情况都会变好。

塞斯渴望的不仅仅是一个外在的母亲形象，而且还渴望一个很好的内化的母亲形象。她也许“知道”（被告知过）她是母亲唯一哺乳过的孩子，但她没有持续地体验过和母亲在一起的生活，只有和母亲长时间地在一起才能形成内在对自己和他人的良好感觉，而不仅是靠幻想。她试图通过照顾生病的加纳夫人来找到一种做女儿的感觉，就像照顾自己的母亲一样。“如果她需要我的话，如果他们逼她去稻田劳作，那我也是她唯独不会扔下的孩子。”在某种程度上，塞斯跟宠儿很像，她紧紧地抓住自己的孩子，正如宠儿紧紧地抓住塞斯一样，因为没有得到过母亲足够的照顾，缺乏安全感，所以无法为下一步成长打好基础。对于塞斯而言，这种进一步成长意味着和保罗建立成熟的关系，放手自己的孩子（想象中的宠儿和现实生活中的丹芙），放手让她们去过自己的生活。塞斯认出宠儿时在独白中说道：“噢，但现在一切都结束了。我在这里，我还在。我的女儿回家了。”我认为这些话体现了塞斯渴望和母亲团聚，她知道自己有母亲，但却从来都没有真正“有过”母亲。在贝比·萨格斯精心的照顾下（潜意识里另一种母女团聚），一个月后，当再次面临着被带走变成奴隶，想到将要再一次失去母女之间原始的纽带关系时，塞斯无法忍受这种痛苦，因而精神崩溃。塞斯不想孩子们被带回去做奴隶，只好选择杀死他们。

塞斯亲手杀死了宠儿，将我们带到了小说悲剧的中心情节。这个情节直到小说中间的部分才出现，但回过头来看，小说在开头就已经埋下了伏笔。许多看似分散的叙事、让人看不懂的描写都因为宠儿的死汇集到了一起，让读者大吃一惊。其实不然，这些伏笔似乎能解释文中描写的苦楚和痛苦的原因，并使其终于浮出水面。塞斯杀死宠儿让所有人都感到震惊。塞斯的邻居们、之前的奴隶，他们都清楚家庭关系的脆弱，知道母子之间依恋情感的危害，听说过母亲杀死孩子的故事，但还是不能理解塞斯的行为。悲痛之下，贝比·萨格斯卧床不起，自思自忖。尽管塞斯有着巨大的勇气，承受了巨大的痛苦，把自己和孩子带到了安全的地方，但那几个“学校老师”毕竟还是来了，她“对塞斯鲁莽的选择既不认同也不会谴责”。

塞斯杀死宠儿一事之所以尤其令人感到恐怖，还因为宠儿是塞斯和她喜欢的男人生的小孩，她和黑尔的婚礼虽然不算合法，但她把黑尔当作人生伴侣。塞斯清楚自己爱她和黑尔生的每一个孩子，孩子们是她最大的骄傲，他们不是她被迫和白人或者黑人生的。更让人感到不解的是，塞斯认为自己有权这么做。尽管震惊、痛苦，但塞斯对自己杀死宠儿的做法并不感到抱歉，正是由于这种骄傲（或者表面上的骄傲），她无法得到所在社区的人们的原谅。

作为读者和分析者，我认为塞斯说的两句话能比较清楚地解释她做出杀死宠儿的决定。第一句是：“我把我的宝贝们带到了安全的地方。”第二句是：“我的计划是把我们所有人都带到我妈妈所在的另一边。”做出像塞斯这样绝望的决定应该是有计划的，塞斯的计划是先杀死孩子们，然后再自杀，这样她和孩子们就都能从奴隶的身份中解脱，和自己的母亲团聚。她的第二句话是回答保罗的时候说的，保罗听说塞斯杀死了自己的孩子后非常震惊，告诉塞斯肯定还有其他解决办法，塞斯是有两条腿的人，不是四条腿的动物。塞斯认为：

> 尽管她和一些人挺过来了，但是她永远不能允许这种事再一次地发生在她的孩子身上。她最宝贵的东西就是她的孩子。白人也许可以玷污她，却别想玷污她最宝贵的东西，她那美丽而神奇的、最宝贵的东西——她身上最干净的东西。

塞斯说的这些话表达了两个不同的愿望：一是对安全感的幻想以及对失去的母爱的幻想；二是她需要救下自己的孩子，这是她现在拥有的，不能让他们陷入无法忍受的屈辱生活。

我把这两种愿望看作塞斯潜意识里对生活的迁移和同化。对于大多数奴隶来说，他们肯定过着这样的生活（黑人灵乐是奴隶制的遗产，主题一般都是和强大的母亲般的上帝站在一起，上帝会治疗他们的身体，让他们的心灵获得自由，会让施虐者遭到报应）。对于塞斯来说，贝比·萨格斯就是母亲般的上帝，代表着她失去的母爱和从屈辱的奴隶生活中解脱出来。在她们生活的社区，贝比·萨格斯是个强大的形象，她能够治愈他人，让他人恢复自爱自尊，塞斯作为她的儿媳妇，"充分地感受到了她的慷慨和她那颗伟大的、成熟的心"。正是由于贝比·萨格斯的慷慨，邻居们都很嫉妒塞斯，生她的气，因为邻居们的生活也遭受了剥夺，他们同样渴望能像塞斯那样有母亲的庇护和保护。当一个人面临着失而复得的东西时，其感受比从未拥有过它们还要痛苦。塞斯幻想到自己母亲生活的那一边，这是她保护失而复得的母爱不被再次剥夺的方式。

这个幻想同样是无所不能的。这让塞斯觉得自己有权杀死自己的孩子（尽管她的目的是为了救他们），正是这种说法让大家都离开了。当保罗发现了这件事，他想："这个新的塞斯不知道世界停止的地方，她开始……比起塞斯的行为更重要的是她的想法。这让他害怕。"一个人在幻想中是可以无所不能的，幻想能够将其从屈辱的生活中拯救出来，哪怕这只是一种可能性。在当时的情况下，奴隶没有任何权利，除了幻想，他们还能有什么呢？而保罗纠结的是，为了避免孩子们被带回去沦为奴隶，塞斯选择杀死他们，她有什么权力这么做？

这个问题让我再一次思考母性的黑暗面。小说的主题之一写的是母爱和母亲对孩子的保护，以及母性攻击和母亲对孩子的占有欲，还有两者之间狭窄的界限。塞斯认为自己拥有孩子的一切，孩子们的生命都是她的，也许跟她被母亲拥有一样。在她心里，孩子们必须永远都是孩子，她永远都会爱他们。也许这样，她的孩子们才不会长大，才不会被卖掉，她也就不会失去他们。这似乎是一个出于丰盛的母爱、使得母亲对孩子充满了占有欲和控制欲的故事。实际上，塞斯无法面对的是她无法拥有孩子的一切，哪怕是在普通的层面上，只有自由的母亲才能拥有孩子的一切。塞斯杀子的行为表达了她希望拥有无所不能的力量，能够自由地拒绝无助的感觉。

然而，塞斯杀子还有更多的意义。塞斯在意识中无法感受自己对孩子们的愤怒，她认为孩子们困住了她，从她这里得到了她无法得到的母爱。她拼命想要给她的孩子喝自己的乳汁，这既是在弥补自己被剥夺的母爱，也是在证明孩子们没有自己就无法生存，证明自己真的很爱孩子，证明自己的生命有力量、有指望。

而且，塞斯有母亲，尽管她在心里认为母亲忽略了自己，抛弃了自己，认为母亲对孩子们不管不问，不顾他们的死活。正如我们在玛丽•雪莱小说中看到的“被抛弃的孩子”一样，他们责怪自己、害怕、满心想着复仇。塞斯认同自己的母亲，她知道母亲是一个勇敢坚强的女性，幻想中的母亲也是个杀子的人，她潜意识里求助于母亲，在精神异常恐惧和痛苦的状态下，她把母亲当作能够拯救她的人（同样地，弗兰肯斯坦博士的怪物也认同创造了他的博士，尽管博士狠心地抛弃它，但它仍然跟随博士直到世界末端。博士死了，怪物选择了自杀）。

小说让人感到疑惑的一个地方是，塞斯的两个儿子在塞斯生命中的地位非常边缘化。塞斯的使命是和宠儿团聚，尽管她也提到过两个儿子，但是两个儿子感觉不到自己的重要性。在塞斯试图杀死他们后，他们对塞斯产生了恐惧的心理，加上无法忍受“鬼魂”怪异举止的骚扰，他们加入了军队，从此销声匿迹。在我看来，小说之所以对两个男孩进行边缘化的处理，原因在于塞斯对两个女儿有着深深的认同感：尽管她看起来满脑子想的都是宠儿，以至于忽略了两个儿子。我把宠儿的愤怒看作塞斯内心愤怒的投射，塞斯对自己被母亲抛弃，对自己被剥夺的人生、对自己的奴隶身份感到非常气愤。塞斯在试图修复和宠儿的关系时，无法拒绝宠儿的任何要求，无法控制她，也不能让她守规矩，只能是无限地放纵她。

母亲缺少对子女的管教是矛盾母性中常见的表现，在缺乏管教和限制的情况下，宠儿变成了一个邪恶的吸血小怪兽，充满了愤怒和怨气，无穷无尽地索取，一点儿也不关心她的母亲塞斯，几乎用复仇把塞斯榨干和弄死：“塞斯在为自己杀死宠儿的行为做弥补，而宠儿在让塞斯付出代价。”丹芙后来相信，宠儿不仅是个鬼魂，也暗示宠儿代表的是邪恶。这种爱表面上看是母爱，但其实是恨意，作为这种矛盾母性的受害者，这种爱让宠儿渐渐变得邪恶。

不过，宠儿需要的不仅仅是复仇。她以 11 个月大的婴儿的身份回来，带有爆炸（碎片化）和被吞没（融合联结）的心理愿望。因为年龄太小，宠儿在心理上还没能和母亲塞斯分开。她在转世中长大，但这种成长是发育不良的，她在心理上仍然觉得自己占有母亲塞斯，是塞斯的一部分，所有坏和恶的部分也都在于塞斯。塞斯杀死她是由于塞斯的恶，不是她的恶。

也许宠儿对保罗致命性的勾引说明了她正在努力地成长和脱离母亲。宠儿恳求保罗触碰她内在的部分，叫她的名字。保罗这个人物似乎象征着成长、存活、向前，以及拥有独立的个体意识。在经历过许多艰难困苦后，他还是想和塞斯开始新的生活。他很快感觉到了塞斯房子里鬼魂造成的悲伤气氛，并把鬼魂赶走了。他带着塞斯和丹芙去嘉年华，走向外面的世界。当他们从外面的世界回来时，发现宠儿不见了，而塞斯却还没有做好让宠儿离开的心理准备。

这让我们想起了病态悼念的问题。这部小说大多数时候写的也和这个问题有关。塞斯努力地不去想宠儿，不去回忆，但她做不到。宠儿总是萦绕在塞斯的心间。在正常的悼念过程中，逝去的亲人已经离开的事实是一点点完成的，活着的人虽然没有完全地遗忘他们，但逐渐地不再依恋他们，接受现实。塞斯没有完成这个过程，也没有让丹芙去追寻自己的人生。她们都定格在时间里。直到镇上的女人把索求无尽的有孕在身的宠儿赶走后，塞斯才真正地低迷起来，开始了真正的悼念，解脱自己，和保罗开始新的人生。塞斯一直都在寻求宠儿的原谅，但这是不可能实现的，而现在，她终于能够原谅自己。

同样地，丹芙也自由了。塞斯不愿意让丹芙长大，不愿意让她拥有独立的自我，在象征意义上，丹芙也被塞斯谋杀了。多年来，丹芙一直渴望自己的父亲能够回来。潜意识里，她欢迎保罗，因为保罗会给她带来自由。在丹芙还是小孩的时候，她知道了母亲杀害了宠儿，她很害怕，内心饱受着“奇怪的恐惧的感觉”和“邪恶的无法控制的梦魇”的折磨。不过，丹芙却拯救了自己，也拯救了塞斯。塞斯对宠儿有着深深的愧疚心理，因此认为宠儿是“自己最好的东西”，但她最好的东西其实是丹芙。丹芙既拥有塞斯的勇气，又在母亲的照顾下长大成人，尽管她和母亲之间的关系是折中的，但她能够离开母亲。和塞斯不同，丹芙认同生活中实际存在的母亲，而不是幻想中的母亲；和宠儿也不同，丹芙得到了足够的成长，她能够跟母亲分离，形成独立的人格。

莫里森小说中的所有角色都涉及了女性对矛盾母性的挣扎，因此都写到了悼念和向前走这个主题。她们曾是奴隶，在 1873 年经受了巨大的痛苦，她们的后代还会沿袭她们艰难的命运。塞斯亲手杀死自己的女儿宠儿，并且表现出防御式的骄傲，使得她被孤立起来。悼念在大部分情况下有很强的社会组成，因此完成悼念是件艰难的事。对于塞斯来说，邻居们一起赶走宠儿，使她得到拯救，而且保罗的回归，对她的恢复也是至关重要的。

我在标题中把《宠儿》说是“精神创伤情况下的母性”，强调母性的崩溃可以严重到导致谋杀，不论是谋杀孩子的“灵魂”还是谋杀他们的身体，都是由于母亲遭遇了无法控制的混乱状态。在我看来，《宠儿》悲剧的原因在于母亲心理机能的崩溃，但创伤性的社会条件是造成这种崩溃和混乱的主要原因。在难以忍受的社会环境下，一些人会迫于无奈做出疯狂和极端的行为；而另一些人则会忍受，不论遭受多大的痛苦，也不会违反社会界限。在《宠儿》一书中，我们清楚地看到，面对被迫的性行为，孩子不是自己真心想要的，母亲杀死这个孩子是一种能够被社会接受的行为，而且在奴隶制下，家庭破裂是无法避免的，但主动杀死自己的孩子，哪怕本意是出于“拯救”的目的，也是不被接受的。

因恨而杀子：《美狄亚》

尽管在精神错乱的母亲心里，她们杀死自己的孩子是出于“利他”的考虑，但以上谈到的杀子案例都令人咋舌，接下来要讲的美狄亚的神话故事更加恐怖。《美狄亚》是欧里庇得斯写的神话故事，讲的是主人公美狄亚因为配偶伤害了她的自尊心，为了惩罚配偶，她杀死了自己的孩子。美狄亚原本是会施法术的公主，被丘比特的箭射中后，爱上了来寻找金羊毛的伊阿宋王子，同时美狄亚也害怕陷入爱情后会失去自己的女性力量和独立。为了帮助伊阿宋得到金羊毛，她背叛了自己的弟弟和父亲。美狄亚和伊阿宋生了两个孩子，他们一起逃到了科林斯。到了科林斯后，伊阿宋为了保护自己和孩子，向科林斯国王克瑞翁的女儿克瑞乌莎求婚，抛弃了美狄亚。美狄亚因此痛恨伊阿宋，毒死了克瑞乌莎公主和克瑞翁国王，但这些对她来说还不够。尽管她也痛苦万分，生不如死，但为了报复伊阿宋，美狄亚最后还是杀死了她和伊阿宋的两个孩子，让伊阿宋断子绝孙。美狄亚逃到雅典后，得到了雅典国王的庇护，但她既没有利用这种庇护，也没有选择自杀。美狄亚告诉唱诗班，自己杀死两个“亲爱的儿子”是“邪恶的行为”，“但最糟糕的是被自己的敌人嘲笑”。对于美狄亚而言，受伤的骄傲和报复的需要超过了她对孩子的母爱。“我知道无法察觉和控制的愤怒情绪会带来巨大的伤害，但知道这些也没有什么用，因为愤怒会咬断理智的绳索。”

马格达•戈培尔（Magda Goebbels）在第二次世界大战结束时杀死了自己的六个孩子，简直骇人听闻。她的行为既是出于仇恨，也是因为灾难性的环境，呼应了《美狄亚》和《宠儿》的主题。马格达嫁给了希特勒的宣传部长约瑟夫•戈培尔（Jpseph Goebbels），约瑟夫•戈培尔因为虐待他人和玩弄女人而臭名昭著。尽管马格达愿意献身给纳粹，但无法忍受继续和约瑟夫一起生活，1939 年曾试图带着孩子逃离德国，但遭到了希特勒的阻止，希特勒担心这个“模范”纳粹家庭的破裂会带来负面的宣传影响。

随着德国输掉战争的可能性越来越大，约瑟夫和马格达决定杀死他们的孩子，以防止他们落入盟国之手，因为那时俄国的军队已经攻入了柏林。当全家人都藏在希特勒的地堡里时，约瑟夫显然改变了主意。他们的孩子当时都不满 16 岁，有人主动提出愿意保护和抚养这些孩子，但马格达因为怨恨丈夫的残忍和不忠，将六个孩子全部毒死。在她的报复行为结束后，她和约瑟夫自杀了。和美狄亚一样，也有人愿意保护她的孩子，但对于她们来说，复仇更加重要。与塞斯不同，塞斯的孩子会继续成为奴隶，而马格达的孩子会得到人道方式的照顾，但马格达却和塞斯一样认为孩子是自己的一部分，由于自己面对着盟军攻陷柏林时歇斯底里的情绪，她选择带着孩子们一同死去。

也许安德烈·耶茨的情况中也带有一种潜意识的报复需求。她无力反抗自己那喜欢虐待和要求苛刻的超我意识，害怕丈夫的否定以及他的心理前辈——她的父亲，想要惩罚这两位父亲，把对自身的邪恶感投射到孩子身上，在惩罚丈夫和父亲的同时也毁灭了孩子。然而，尽管安德烈·耶茨和塞斯都杀害了无辜的人，但她们引起的恐惧感并没有美狄亚和马格达·戈培尔那么强烈。或许，用“邪恶”来描述后两位的行为更为确切。她们虽然遭受了巨大的损失，但她们最强烈的动机是复仇的意识，而不是悼念。她们都知道她们有机会保护孩子，但想惩罚报复丈夫的想法太过于强烈，因而人道的判断对她们而言是无关紧要的。我认为，在遭受了极端的痛苦后，安德烈·耶茨和塞斯没有能力做出明智的选择，这也是为什么尽管我们感到恐惧但还是会同情她们的原因。

德国精神分析学家玛丽安·鲁辛格-博勒伯（Marianne Luzinger-Bohleber）曾写道，美狄亚幻想是潜意识里导致某些心因性性冷淡和不育的决定因素。她讨论了一些接受治疗的妇女，她们都害怕性冲动和生育。在她们很小的时候，她们的母亲都很抑郁，并且这些女性都报告说，在她们发育到恋父情结阶段时，她们和父亲的关系出现了问题。她们都害怕亲密关系，比如美狄亚抗拒丘比特之箭。她们认为，性技巧会导致自己和爱情对象融为一体，会让双方失去各自的身份。如果她们遭到了对方的欺骗和抛弃，她们就会在心里认为自己被剥夺了，任由自己受攻击性的冲动支配，对自己和他人造成威胁。她们知道女性的愤怒有很强的破坏力，担心自己会杀死自己的孩子。在绝望的情况下，心因性不育和冷淡是她们的解决手段。而有趣的是，要想获得好的结果，就必须接受这些攻击性的冲动。

鲁辛格-博勒伯认为，了解母性中的阴暗面可以稳定女性的身体和母性的功能。在我对阿曼达的治疗中，一个关键要素是我毫无偏见地接受她把婴儿想象成怪兽的幻想（见第4章）。在治疗后，阿曼达没有生孩子，而是了解到因为自己对父亲的认同使自己产生了严苛的超我认知，因此做出适当的调整，让自己在其他很多方面都能获得更高的满意度。海蕊·洛维特把儿子班的怪异看作自身贪婪和冷酷的投射，并且接受班，因此才能获得内心的平静。我非常同意鲁辛格-博勒伯的说法，即母性的阴暗面是女性身份中的一部分，是她们作为母亲时心理体验中不可避免的一部分，但母性的阴暗面本质上是可治疗的、减少内疚引起的自我惩罚的需要，可以进一步减少恐惧、绝望和愤怒。

心理学家苏珊娜·沙赛（Susanne Chassay）描述了一个令人不寒而栗的案例：两代人之间无法克服的矛盾心理，即患者对自己母亲的矛盾心理以及对自己孩子的矛盾心理。这个案例在本质上是一个扭曲的美狄亚幻想。患者名叫安妮，是家里的独生女，她的母亲情绪抑郁、控制欲强。和安德烈·耶茨一样，尽管安妮表面上表现得很好，尽职尽责，但她实际上也对生活感到抑郁、消极和愤怒。她嫁给了一个她不爱的人，尽管他们多次尝试体外受精，但她还是无法怀孕。她离开了丈夫，前往尼泊尔旅行，并在那里的一次与陌生人的偶然交往中怀孕了。

安妮曾尝试慢性自杀，但怀孕后自杀的迹象消退了，她开始写作，并对生活产生了一些希望。起初，她很喜欢这个孩子，因为他是个男孩而不是女孩：在她心里，女孩是经常被贬低的对象，而且儿子性格活泼、身体健壮。在儿子还小的时候，安妮和儿子之间的关系很好，她能够轻松愉快地照顾儿子。但当儿子进入学步期、不再需要母乳时，安妮渐渐发现儿子不听话，情况开始变糟。安妮搬到了母亲家里，不可避免地让自己的感觉越来越糟，情况恶化得飞快。安妮的抑郁症和精神错乱越来越严重，最终选择了自杀。虽然在她心里，她无法跟儿子分开，但还是留下了儿子一个人。

这是一种母亲杀子的案例，这位母亲患有我在第 1 章提到的在早期育儿期间容易出现的精神错乱。安妮患有心因性不育症，在她离开丈夫和母亲后，怀孕就变得很容易了。安妮在学步时期，她的母亲没有满足她独立和发育的需要，因此当她的儿子进入学步时期，她开始精神错乱，杀死了自己，并在潜意识里杀死了孩子。事实上，当一个孩子失去了唯一的父母，他遭受的损失不亚于被杀害。安妮之前的不孕症是对自己及尚未出生的婴儿的一种保护，使孩子免受她的嫉妒、愤怒和报复所带来的伤害。她的自杀是潜意识里对母亲和自己罪过的惩罚，也是对无辜却被她遗弃的儿子的精神屠杀。

正如我在前面提到的，“早期育儿精神问题”这个词在任何正式的意义中都不是一种真正的诊断，这个表达是我和我的丈夫发明的，用来描述那些在孩童时期等早期生活中经历过困扰的父母，他们的孩子逐渐成长，进入各个成长阶段；当孩子的这些成长阶段与他们当年的遭遇类似时，他们早年的记忆和困扰就会被激活。

我想起了一个患者的故事，和患者苏珊娜·沙赛的案例相比，我这个患者的案例没有那么令人不安。来治疗的是一个男性患者，他说自己的妻子在第二个孩子四个月大的时候崩溃了，他的妻子也是家里的第二个孩子，当妻子四个月大的时候，由于妻子的母亲身患疾病并且患有继发性抑郁症，她不得不跟母亲分开住。他的妻子当然不记得这段时光，但是当她的孩子到了和她同样的年纪时，她通过抑郁症“想起”了这段时光。

很多母亲做出杀子行为的原因可能都是由于被不安的情绪所控制，这种情绪似乎是凭空而起的，因为她们记不起早期的创伤经历。她们杀死孩子是为了阻断这些难以承受的情绪对自己的侵蚀吗？安德烈·耶茨和拉莎文·哈里斯溺死自己的孩子是不是也有这个原因？在她们的精神状态下，她们是否无法区分哪些是当下的感觉，哪些是过去的感觉，哪些是自己的感觉，哪些又是孩子的感觉，或者哪些是她们的母亲的感觉？我认为这是可能的。

堕胎和杀子

许多人认为堕胎是一种对婴儿的谋杀，我从未这样认为过。我认为，在许多情况下，堕胎是一种不幸的必然事件，是可以被阻止发生的更糟糕的事情。当我在大学和医学院念书的时候，堕胎是不被允许的，只能通过非法的手段进行，通常非常危险，有时甚至会危及生命。我知道有这么一回事，但对于那时的我来说，堕胎仍然是一个非常遥远的问题。在医学院的第四年，我参加了一个紧急的子宫切除手术，手术对象是一个 42 岁的已婚妇女，她已经生了四个孩子，这次是她第 5 次怀孕，而且是意外怀孕。这名意大利天主教母亲财力有限，她秘密地找了一个非法的、很可能名声也不怎么好的人帮她堕胎。

堕完胎一天后，她开始发烧。她在医院急诊室接受了检查，医生告诉她，如果发烧变得严重、超过 38℃就要立即返回医院治疗。这位妇女可能有些害怕或者因为发烧不舒服，她没有听清楚医生的话，等到体温超过 40℃时才返回医院治疗，而这时她已经脱水，并且出现了脓毒症的症状。补液和抗生素对她都不起作用了，几个小时后，她做了手术，死在了手术台上。她的家人对这场灾难一无所知，医生只好打电话通知她的家人。这个女人死了，留下了四个还没有上初中的孩子。

在我看来，这个女人的堕胎行为并不是在谋杀孩子，而是在谋杀自己——一个绝望又不堪重负的母亲。如果在那个时候，堕胎在康涅狄格州是合法的，这种悲剧就不会发生。显然，这名妇女对怀孕的态度也是矛盾的，也许，对于前几次怀孕，她也感到矛盾过。她很可能没有采取避孕手段，或者作为一个天主教徒，她觉得使用避孕手段是有罪的。如果她生下了这个孩子，她可能是一位慈爱的妈妈，但她很有可能会感到负担过重、疲惫不堪，内心矛盾重重。那些声称“堕胎是谋杀婴儿”的人没有考虑到这个事实，因为意外怀孕而出生的孩子给母亲带来的矛盾心理可能会导致更严重的后果。

在精神病学培训结束后一年左右的时间里，作为私人执业的一部分，我做了一些堕胎咨询的工作。向我寻求咨询的大多数女性都是咨询第一次怀孕的事，她们年轻、未婚，有的还没有固定的男朋友。一般来说，她们会主动选择堕胎。不过，我清楚地记得有位叫露西的女性，她无法说服自己终止怀孕，我也没有试图说服她这么做。在咨询的过程中，我从来没有试图过说服患者，只是倾听她们的心声，并在我觉得她们有必要考虑某些问题的时候提出问题。露西是个艺术家，她一个人住，没有多少钱，但她决定生下孩子。14 个月后，她带着可爱的八个月大的女儿来看我。她一个人抚养女儿，她们看上去都很幸福。露西送了一个自己做的东西给我——一幅用黄色、橙色和紫色装饰的蜡染旗帜，漂亮又喜庆，看起来就像是一个巨大的火神！露西有一个很好的未来。

电影《革命之路》（*Revolutionary Road*）改编自理查德・耶茨（Richard Yates）1961 年的小说，而结局却是不同的基调。在影片讲述的悲惨的故事中，爱普莉・惠勒（April Wheeler）在第三次意外怀孕期间自己动手堕胎，但却因失血过多不幸死亡。爱普莉的父母一个是花花公子，一个是摩登女郎，他们意外怀孕生下了爱普莉，又在爱普莉不满一岁的时候离婚了。爱普莉由两个阿姨抚养，这两个阿姨不爱爱普莉，爱普莉也不爱她们。爱普莉不知道如何做一个好母亲，没人教她，她没有这样的经验，但还是尽力让孩子保持干净，衣着整洁，礼貌待人，但却不能理解孩子，也无法跟孩子产生共鸣。她的矛盾心理很大程度上是潜意识的，而且根深蒂固。孩子们只能得到很少的母亲般的呵护，而且还是他们的爸爸给的。在这种情况下，堕胎就是自杀。

在我看来，最让人忧心的杀子行为是由于长期虐待而导致的儿童死亡，比如让孩子挨饿、殴打孩子、暴露孩子的隐私部位和忽视孩子等。媒体有很多这样的报道，通常还有孩子的父亲或者母亲的男友卷入其中。当一个母亲对她非常嫉妒和虐待的伴侣有着病态般的深度依赖时，她与孩子之间原本就很脆弱的积极联系可能会因此变得更加脆弱，酒精和药物可能也是造成女性失去控制的因素之一。不成熟的母性以及母性中不可控制的攻击性和冲动都能导致母性中阴暗面的出现，对于我来说，这比因母亲精神错乱或分裂而导致的杀子行为更为可怕。儿童保护服务机构（Child Protection Service）可能会拯救一部分孩子，但却救不了所有受害的孩子。这些孩子依赖父母，却被父母虐待和忽视；他们爱父母，需要父母，却不得不跟父母分开。不论他们得救与否，他们遭受的痛苦经历都是长期的、悲剧性的。正如我在本书中一直强调的那样，母亲们需要能够自我原谅并且向前看，孩子们需要原谅自己的父母，明白他们也只是凡人，但对于这一点，当母性的阴暗面达到极致时，原谅可能难以实现。

第 12 章

以后会发生什么？矛盾母性的命运

为了体现矛盾母性的诸多表现形式，本书结合了许多临床案例和文学故事，探讨了不同程度的矛盾母性心理——从轻微的矛盾心理到母性中的至黑至暗的一面。

我在书中的许多临床案例和文学故事里都探讨了矛盾母性的表现形式，在整个生命的过程中（包括孩童时期和成人之后），有着矛盾母性的女性已经遭遇了或即将面临着怎样的命运呢？当她们的子女长大、独立、离家，有了自己的事业和工作，有了自己的家庭和孩子之后，这些母亲们会怎么样呢？本章将关注母子关系在人生的进程中可能会发生的变化，其存在成长和修复的可能，但如果后来的人生发展无法减轻母性中消极的一面，也会导致不幸的结果。

正如我们在前几章中看到的，母亲们在孩子不同阶段的成长过程中面对着不同的挣扎。有些母亲是在孩子处于婴儿时期遇到了麻烦，有的是在孩子进入学步时期，有的是在孩子处于性成熟期或青春期。其中，学步期和青春期似乎是最艰难的。

对母亲来说，婴儿出生后的前几个月是最难熬的，严重缺少睡眠，等到这个时期结束情况就会好转。一两岁大的婴儿往往心情、性格俱佳，开始听母亲的话，这个时候大部分的母亲都感觉轻松，享受和孩子在一起的时光。在这个时期，她们的矛盾心理程度是最低的，但也不是毫无矛盾心理，因为对于第一次做母亲的女性来说，她们以前熟悉的生活方式完全改变了，哪怕她们很欢迎孩子的到来，但这种改变和调整并不容易。对那些以前经常活跃在家庭外部世界的女性来说，孩子的到来打乱了她们的计划和安排，使她们不得不待在家里，这可能让她们有点儿难受。她们必须调整自己的职业安排，不仅实际操作起来很麻烦，而且婚姻中还会频繁出现剑拔弩张的时刻。尽管有些女性有过带孩子的经验，知道孩子需要什么，这可能会降低一些难度，但多一个孩子，母亲的压力也会多一些。生孩子导致激素增多，使女性情绪不稳定，比如有的母亲会产生产后抑郁症，如果不幸的话，有的母亲的产后抑郁症还会很严重。

产后抑郁症会极大地挫败女性对自我母亲角色的认知，她们会认为自己做得不够好。有些女性在早期和自己母亲的关系出现了问题，因此怀疑自己做母亲的能力，她们通常存在潜在的情绪波动。完美主义的期待和控制欲使有些女性更容易陷入抑郁状态。有时，女性若在孕期和哺乳期遭遇了严重的丧失感，她们的抑郁心理也会加重，比如波姬・小丝和安德烈・耶茨。幸运的是，产后抑郁症和精神病都是可以治愈的。波姬・小丝接受治疗后得到了很好的恢复，和孩子建立了亲密的关系，并且还生了第二个孩子。而安德烈・耶茨没有接受治疗，反复出现产后抑郁症，最终导致了悲剧性的结果。

对有些母亲来说，孩子进入学步时期是非常煎熬的，存在下面两种情况。第一种情况，有些母亲习惯了孩子在婴儿期的暖心、温柔和对她们的依赖，当孩子进入学步时期时，他们开始自己走路，独自探索世界，并带有一定的破坏性，不再像以前那样黏着她们，孩子的独立让她们很难接受。第二种情况，有些母亲被婴儿期孩子的依赖折腾得筋疲力尽，整个人仿佛被掏空，当孩子开始独立、能够自己玩自己的时，她们感到压力缓解不少。然而，当“寻找独立”的孩子重新回到依赖妈妈的状态时，第二种情况下的母亲就会有麻烦了。学步期的孩子重新回到对母亲的依赖，需要母亲给他们安慰，这是孩子在独立的过程中会出现的典型表现，玛格丽・马勒（Margaret Mahler）、弗雷德・派恩（Fred Pine）和安妮·伯格曼（Anni Bergman）在《婴儿的心理诞生》（*The Psychological Birth of the Human Infant*）一书中对此进行了阐释。

女性在孩子较小的时候出现的矛盾心理通常随着孩子进入后期的发育阶段而得到“治愈”。例如，如果某个母亲不喜欢哺乳孩子或者担心自己喂不好孩子，当孩子长大些能够吃固体食物时，她的这些焦虑感就会消失。如果某些母亲对哺乳的矛盾心理是由于潜在问题（比如担心身材形象和控制欲），那么在孩子后面的成长过程中，这些母亲还可能会有不同形式的矛盾心理。例如，菲利斯有洁癖，因此在训练儿子如厕时，她感到很痛苦，而且当儿子过了学步期后，她对儿子的控制欲又成了问题（见第 7 章）。在孩子的性成熟期和青春期，让母亲们感到困扰和纠结的东西也不同了，因为这个时候战场已经转移到了学校，孩子的成绩表现、独立、脱离父母成了重心。菲利斯小时候一直在母亲的控制之下，她想不出还有其他的成长方式，她把和母亲的关系内化了，现在她也成了一个强势、有控制欲的母亲。

对很多母亲来说，教育性成熟期（即当孩子上小学的时候）这个阶段的孩子是比较容易的，因为这个阶段的孩子都比较用功和听话。但是，今天的母亲们（尤其是中产阶层和上等阶层的母亲们）经常为孩子的成绩和竞争苦恼，她们努力地想要通过多种方式来丰富孩子的生活，以至于她们和孩子们都没有时间放松和尽情玩耍，也无法放松紧张的大脑。而且，有些母亲把自己未完成的理想转嫁到孩子身上，一旦孩子没能达到她们的目标，她们就可能会感到生气和失望。性成熟期的孩子和同龄孩子间的关系也非常关键，当看到孩子离开她们奔向他们的朋友时，有些母亲就感觉受到了威胁，比如第 10 章中谈到的伊莱恩。这些母亲都对孩子有一定的控制欲和过度保护的心理，喜欢对孩子的生活指手画脚，她们的这种愤慨心理在孩子长大后可能依然会继续。

和性成熟期不同，青春期的孩子几乎让所有的母亲都感到头疼。许多父母无法忍受青春期孩子的叛逆和成熟，更不用说青春期的他们在依赖和独立上表现出的折腾了。学步期和青春期有一些共同之处。在这两个发育阶段，孩子的成长不是稳定的，时而向前、时而退后，在依赖父母和自我独立之间徘徊。不同的是，在青春期，这种依赖往往会遭到拒绝。步入青春期的孩子变得难以相处，对父母有不少意见。他们以各种令人不安、危险和让人恐惧的方式行事。而且，他们不承认需要和父母保持亲密关系，也不承认需要父母的指导。许多父母对此信以为真，以为他们真的不需要，可能会停止培养和孩子的亲密关系或者不再教导孩子，但不论青少年抗议的声音有多大，这些并不是他们真正想要的结果。

孩子在青春期的性行为对父母来说是很大的挑战。子女怀孕、强奸和吸毒是导致父母们产生焦虑心理的一大来源。尤其对母亲们来说，更为棘手的问题是女儿长成了一个成熟的女人。有些母亲不能很好地应对女儿的青春期。这些母亲往往对自己的性生活感到不满意或者不舒服，或者像伊莱恩一样，有过度保护女儿的心理，不希望女儿长大。

第一次来月经对年轻女性来说是一件大事，母亲的嫉妒和不赞同可能会产生强烈的影响。我治疗过几位女性患者，她们曾对母亲隐瞒了自己第一次来月经的事情。例如，阿曼达不想承认自己已经是个成熟的女人，不想像母亲一样，因为母亲在家里地位低下（见第 4 章）。卡罗琳认为，母亲对她过分好奇、担心，干涉她的生活，原因在于她的身体发生的变化，因此她把弄脏的内衣藏起来，想这样解决自己的焦虑心情。由于女性在月经期间胸部和身体曲线会发生变化，因此当一个母亲看到自己的女儿突然长成了一个大姑娘，还是个漂亮的成熟女性时，就会极大地打击她们的虚荣心和安全感。

在许多童话故事中，上了年纪的妇女（通常被描绘成继母）试图阻止年轻女儿的性成长和发育，例如《白雪公主》《灰姑娘》《睡美人》以及《长发公主》，这些故事描写的都是类似的主题，年轻的女主人公必须同老太婆、坏仙女、巫婆或者继母战斗并且打败她们，才能获得成长，最后嫁给王子。接下来、我将讲述一个临床案例，说明青少年的性行为和自主性等问题是如何表现的。

维多利亚的故事

维多利亚因为不礼貌和不善交际被她的父母送来接受心理治疗。我给维多利亚治疗的时候，她还在读高中。那时，她还有一个极度活跃的妹妹特里，特里在学校里有严重的问题，并且也在接受治疗，她的父母对此感到苦恼。开始，父母认为维多利亚不需要治疗，因为维多利亚学习成绩好、举止得体。但两种情况使得他们改变了想法。维多利亚的母亲得了一种慢性疾病，影响了工作的能力，而维多利亚开始对母亲产生了莫名其妙的敌意和拒绝，称母亲在利用自己的病情获得关注，但其实母亲的病情已经非常严重了。维多利亚还认为“讨厌的”妹妹得到了父母更多的关注，为此她很生父母的气。维多利亚和父母之间的关系变得越来越阴沉和古怪。去年暑假，除了因打电话而欠下一大笔电话费之外，维多利亚没有做什么违法或危险的事，但也没有给父母任何和她相处的时间。维多利亚一向和父亲的关系比较亲密，但现在连父亲都认为她需要接受治疗。

我第一次见到维多利亚时，大吃一惊。我以为她会是一个性格阴沉、脾气差的青春期少女，不愿意跟我说话。她的确是在我们花了一点儿时间后，才愿意跟我吐露心声的，但其实让我吃惊的是她的外表。她是一个苗条、害羞、美丽的年轻女孩，有着长长的栗色头发和白皙的皮肤。她的穿着很像 21 世纪维多利亚时代的哥特式风格：高筒的黑丝系带靴，天鹅绒的裙子和夹克，带花边的绸缎蕾丝白上衣，还有复古的珠宝——这一切搭配在她身上看起来棒极了。我后来了解到，这些服饰中大部分都是她自己设计和制作的，但她的父母却对她的穿着方式感到非常苦恼。在我看来，跟她同时代的袒胸上衣、短裤、紧身牛仔裤和 T 恤相比，她的打扮很不同。尽管如此，维多利亚还是因为穿着和母亲不断地发生争执，因为她的母亲认为她穿着太过性感和不得体。维多利亚认为母亲穿得像个中年大妈，而且也想让维多利亚穿成那样。作为一个旁观者，我认为维多利亚的穿衣风格既富有创意又迷人，但她母亲在严格的宗教家庭中长大，又在和疾病和衰老做斗争，因而感到气愤并且嫉妒维多利亚。

父母都担心女儿同男生的关系。维多利亚喜欢男生的陪伴，但她的父母不能理解。她和男性朋友们抱团，仿佛他们和同龄人不一样，他们认为自己与众不同，比其他人更好、更聪明、更有趣。他们中没有谁真正为性爱做好了准备，因此他们表现得很老练，以此来互相保护。维多利亚可能看起来像个迷人的女性，但实际上却有点儿天真。她仍然需要父母的关心和保护，但却不能承认这点。她对母亲的反感实际上是出于一种潜意识的恐惧，害怕病魔会带走母亲。她告诉我，她觉得母亲在夸大事实，利用生病来控制她。在旅行、熬夜和其他青少年驾车等方面，母亲都对她加以不切实际的严格规定，在很多方面侵犯了维多利亚的自主权，加重了她对母亲的敌对情绪。

维多利亚的母亲因为生病的缘故，健康状况和容貌都受到了损害，她很羡慕年轻漂亮的女儿。在对维多利亚的父母进行心理咨询的时候，我强调了他们对维多利亚的过度保护，这加重了他们和维多利亚之间的敌对氛围。我还指出维多利亚是个非常有创造力、智慧和独创性的女孩，包括她在服装选择上亦是如此。这些心理治疗使双方都产生了一些变化。维多利亚的父母放宽了对她的约束和纪律，维多利亚也日益表现得文明得体。当我最后一次见到维多利亚时，她正准备参加驾驶培训课程，在学校里的表现很好，也在认真地考虑上一所好大学。维多利亚的情况说明了一个客观的中间人——该案例中的我，是如何理解她身上那些让母亲感到困扰的特质的。我认为，维多利亚的母亲并不想怨恨维多利亚，但她以前遭受的剥夺和不稳定的健康状况使她很难克制自己对女儿的嫉妒。

从好的一面来看，母亲对女儿即将长大成年的自豪感是做母亲最大的回报之一。有些母亲对青春期的孩子很好，喜欢他们的理想主义、实验主义和创造性的生活态度。当我的三个儿子到了青春期时，我觉得他们很可爱：有趣、有创造力、勤奋。我喜欢他们的女朋友。我喜欢他们把我和丈夫给他们的那辆老旧的灰色沃尔沃轿车刷漆的方式，他们把车刷成了白色，并在上面点缀着大大的绿色斑点——尽管我担心所有的交警都会一眼认出这辆车。我认识很多其他的女人，她们也觉得青春期的孩子很可爱，尽管他们有时候很吵、没有秩序、喜欢狂欢。青春期的孩子拥有蓬勃的自主性和萌芽的性意识，正是这些让一些母亲抓狂，又让另外一些母亲如此享受。

普遍来说，青春期的孩子是比较难以管教的。如果某个母亲自己在青春期或者成人期遇到了问题，那么当她的孩子进入青春期时，她可能很难克服自己的矛盾情绪。青春期是一个关键的发展阶段，可能会导致永久性的家庭裂痕。年轻人一般会在青春期或者青春期之后，因为上大学、工作或者结婚离开父母的家，他们的离开既可以缓和家庭矛盾，也可能恶化家庭关系。年轻人因为要进入下一个成长阶段而离家，这是健康正常的，与之相反的是孩子因为无法忍受或者对家庭不满意而离家。总而言之，对那些受到父母的过度保护、过度管教和过度监视的年轻人来说，离家独自生活反而更轻松，尽管他们也会时不时地想家。另一方面，那些早期对父母的依赖和需要没有得到充分满足的青少年则会进入一种脆弱的伪独立状态。在大学生心理服务中心，有很多学生因为这种伪独立状态而陷入了心理焦虑和抑郁。不稳定的独立还会导致辍学和冲动性早婚或早孕，这种婚姻也不会持久。另一方面，婚姻和母性也会“使人成长”。

有些母亲在孩子处于青春期时遇到了问题，她们可能会感到焦虑和无助，无法对孩子产生有益的影响。如果要说有什么不同，那就是她们让已经焦虑的青春期孩子变得更加焦虑。另外一些母亲（比如维多利亚的母亲）一如既往地过多干涉孩子的生活，使孩子的自主性在青春期这个最为关键的时期受到了影响。

婚姻使两个新人和新人各自的家庭走到了一起。从矛盾心理的角度来看，婚姻对于有占有欲的母亲来说是一种威胁，对于欢迎并喜欢孩子的配偶的母亲来说则会让生活更加丰富。因为在孩子有了配偶后，自己也“差不多”多了一个孩子，这可能会使她的物质条件变得更好，社会地位变得更高，因此人生也变得更加丰富；或者，如果她只有女儿，那她的家庭就因此有了儿子，同样地，如果她只有儿子，那现在她也有了女儿，而且最重要的是，家里多了一个心理健康、感觉俱佳的成员。当然，新人两方的家庭之间也可能会有很多的竞争、嫉妒和攀比，造成非常不愉快的局面。对于母亲来说，她不得不和孩子配偶的母亲“共享”自己的孩子，如果她们之间存在着嫉妒，那随着孙子孙女的出生，嫉妒的程度会更加严重。

对于几乎所有家庭来说，孩子在事业上取得成功都是一件好事，但若孩子的父母嫉妒他们的成功，这又是另外一回事了。如果一个母亲没能实现自己的职业抱负，看到自己的女儿或者女婿、儿子或者儿媳取得了她没能取得的成就，她就会感到难受。显然，父亲也是如此。事业的成功对父亲来说可能是一把双刃剑。在他们对自己的孩子很感兴趣的时候，他们可能很忙，没有足够的时间和孩子相处。这往往会导致婚姻不幸福，加剧母性的矛盾心理。

综上所述，母性矛盾心理有着积极的一面和消极的一面，两者的平衡将会随着孩子和母亲的成长和发展呈现出复杂的可能性。弗洛伊德和埃里克森等精神分析学家指出，人成年后，还会继续发育，使得这种修复成为可能。孩子和母亲拥有的新经历可以改善他们早期的问题。正如我们所看到的，在孩子的成长过程中，母亲可能觉得某一个阶段非常艰难，但随着孩子的发展，下一个阶段可能比较轻松，使她对自己和孩子有了更积极的感觉。另一方面，母亲遭受的痛苦、内疚和受伤的经历可能太过强烈，以至于无法克服，从而造成持续病态的亲子模式。接下来的两个例子将会说明这种可能性。

诺拉和温迪的故事

诺拉是我治疗过的一个病人。她第一次来见我时，正20岁出头，是个大学毕业生，后来她去了心理治疗专业学校，成了一名心理学家。30年后，她打电话给我，和我分享自己故事的后续。

诺拉是家里的独生女，12岁的时候父亲去世了。她和父亲的关系一直很亲密，父亲的死对她来说是个巨大的打击。此外，诺拉和母亲的关系非常糟糕。她的故事跟《白雪公主》如出一辙，她和白雪公主都有一个嫉妒女儿的母亲，母亲在很多方面会和女儿竞争，就像《白雪公主》里的继母会问魔镜一样：“谁是世界上最美丽的人？”诺拉的母亲一直没有从丧夫之痛中恢复过来，丈夫死后，她对女儿的嫉妒心更强烈了。诺拉年轻、迷人，有着大好的时光和机会。而且，诺拉的母亲还知道诺拉非常喜爱父亲，因此无法原谅诺拉。

诺拉来找我是因为她结婚没几年婚姻就出了问题。诺拉当初为了离开家，早早地结婚了。由于这个原因和嫉妒心，诺拉的母亲经常批评她，反而宠爱和“偏爱”诺拉的丈夫，也许这段婚姻从一开始就注定是错误的，诺拉接受治疗的时候，她和丈夫离婚了。

诺拉形容母亲是“邪恶的”，她告诉我很多她和母亲之间互动的故事，在讲述中，她把母亲描述成一个吹毛求疵和具有破坏力的人。诺拉是位有成就的小提琴家，曾邀请母亲去听大学管弦乐队的音乐会，她在里面演奏。她母亲听完后的评价是：“我从我的座位这里能很清楚地看到你，因为你是唯一一个向错误方向鞠躬的人！”

从这件事来看，诺拉和母亲之间的矛盾似乎不太可能得到和解。诺拉在打电话和我分享后续故事时告诉我，她已经有了成功的事业，并且和一个让她感到快乐和舒适的男人再婚了，现在自己的女儿有十几岁了。她告诉我，“因为家庭的缘故”，她曾经为了修复和母亲之间的裂痕费尽了心思，而她的母亲在有机会再次照顾孩子时，变得很爱外孙女。诺拉母亲和外孙女的关系比她和诺拉的关系要好得多，因此赢得了诺拉的原谅。对于有矛盾母性的母亲来说，若有机会让她重新做母亲，或者让她有机会可以做得更好，那么第二次机会就是她对自己的愤怒和矛盾母性的救赎。诺拉的母亲意识到了这一点，很感激诺拉给了她第二次机会。

温迪是个年轻的女人，在我的孩子还小的时候就替我照看孩子。温迪的母亲在做了外婆后，她的矛盾心理减轻了不少。温迪的母亲在四年内生了三个孩子，而并没有意识到自己对孩子们的矛盾心理。她回想起来，这一切都很棒。然而，实际上，她被压垮了，而且没能保护温迪不受哥哥的虐待。在温迪处于青春期的时候，温迪和母亲的关系变得敌对起来，以至于温迪最后离开了家，搬到了一个好朋友的家里。

在温迪看来，她和母亲的关系是无法调和的。然而，在温迪结婚生子后，情况发生了变化。母亲很爱温迪的女儿，帮着温迪和她丈夫照顾家庭。温迪连着生了两个孩子，她能够理解母亲当时的艰难，钦佩母亲对外孙女的爱和耐心。尽管她们没有把过去的矛盾说清楚，但家人的关系变得更好了，互相之间更加支持了。

有趣的是，做祖母也会存在矛盾心理，尽管这比矛盾母性心理发生的概率更小，影响更小，但祖母的心理也存在阴暗面。我的一个好朋友曾向我吐露，她的公婆从没来看过他们的孙子孙女，对孙子孙女们几乎毫不关心。当我发现有女性不想要孩子时，我就已经很吃惊了，而我朋友的话让我更加震惊：公公婆婆不想要孙子孙女？不可能！但实际上这却是可能的。

对一些女性来说，做祖母意味着青春的终结，尤其是当几代人之间的年龄差距较小的时候。一个 40 岁的女人在今天仍被看作年轻女人，但她如果做了祖母，人们就不认为她年轻了。当下这代人似乎对做祖母没什么排斥心理，因为女性生子的时间推迟了，做祖母的年龄就更推后了。事实上，如今越来越多的夫妻选择在30多岁或者40岁出头生孩子，他们可能活不到孙辈出世的时候，或者无法看到孙辈长大，尤其是如果他们的孩子也选择很晚才生孩子的话。

在一些国家，全部或者大部分照顾孙辈的工作都是由祖母们来做的。这样的例子在贫穷的国家中很常见，在这些国家，母亲们需要工作；在某些未婚生子的家庭也很常见，未婚生子的少女母亲们既要完成学业又要工作。在这些情况下，孩子的祖母年纪也不太大，必须从头再做一次母亲。虽然她们有养育过自己子女的经验，并且随着年龄增长而变得更成熟，但她们却无法享受作为祖母的优越性部分：当她们感觉无法忍受的时候，可以把孩子交回孩子的父母照顾。

尽管祖母很好，但我们要记住，正如孩子母亲的矛盾心理源自母亲的需要和孩子的需要产生了矛盾一样，同样地，祖母的矛盾心理源自她们的需要和孩子父母的需要产生了矛盾。我在同龄人和自己身上都看到了这一点。我有四个年轻可爱的孙子，我很少去看他们，一部分原因是我和他们住得有点儿远。我想念他们，希望他们像个亮点一样在我生活中进进出出。我常想，如果他们住近点儿，我就让他们一直待在我身边，我会经常给他们烤饼干。然而，真实的情况是，我现在仍然在工作，而且非常享受工作的状态。我会经常让他们过来，但是不会一直和他们待在一起。而且，我也从来没有烤过饼干，现在也不会开始学着烤饼干。

我的一个好朋友做了祖母，她最大的孩子已经生了几个孩子，而她自己还有两个孩子最近才从大学毕业，还没有完全独立。她最大的孩子经常让她帮忙照顾两个孙子孙女，尤其是孙子孙女生病了而父母需要休息的时候，这几个年轻的父母平时都要工作。我的朋友是位慈爱的祖母，但她能够从照顾孙子孙女的工作中抽出时间休息。有几次，当孙子孙女生病时，她也患了感冒或者流感，导致她不得不缩短照顾孙子孙女的时间。

最后一个造成祖父母矛盾心理的重要因素是，人们难以承认矛盾心理的存在。小孩子很可爱、好玩，但也很让人疲累。我的孙子孙女来我家玩，等到他们回去的时候，我和丈夫都已经筋疲力尽。而且，我必须承认我终于松了一口气。我们几天之后会再去看他们，哪怕这意味着我们要第 200 次给他们读《勇敢的小火车头》了。

矛盾心理在人生的最后一个周期里起到重要的作用：父母逐渐老去，体弱多病，行动不便，不可避免地会影响到对孩子的照顾。我们现在谈论的是“三明治一代”，这些母亲们自己的年纪已经不小，既需要照顾她们的孩子们，又需要照顾年事已高的父母。除了考虑空间和金钱，子女意识中或潜意识里想照顾父母的意愿和他们早年的关系有关。子女们是否已经完全放下了矛盾和怨恨，能够满怀爱心地为父母安排生活并且照顾他们？子女是否愿意和父母住在一起或者住在附近，还是只愿意去父母居住的看护所看望他们？还是说，在某些极端的情况下，子女回避或者怨恨父母，把年迈的父母困在某个地方，成为老人虐待案例中的施害者？

在母亲漫长的一生中，有太多的因素会影响她们的母性心理，我们无法预测一般情况下或者对于某个特定的个体来说会发生什么。在第 13 章中，我将讨论母亲们可以如何思考自己的态度并寻求帮助，引导她们把矛盾心理往积极的方向上调整。

第 13 章

母亲们要怎么做

最近我和一位同事散步，她和我说起她的病人罗丝。罗丝有个女儿，但罗丝并不喜欢这个女儿。我的这个同事在咨询罗丝对女儿的感情以及她面对罗丝的感觉时，都感到很棘手。我说："她一定觉得自己像个怪兽。""完全正确，"我的同事回答，"这正是她的感觉！你是怎么知道的？"我之所以知道，是因为我多年来一直在思考母性中的矛盾心理。罗丝忍受着矛盾心理的煎熬，这种心理几乎总是伴随着对孩子（尤其是对自己的孩子的恨意）。母亲害怕自己邪恶的感觉，担心孩子也觉得母亲是个怪兽。

如果罗丝厌恨的人是她的丈夫、父母、兄弟姐妹，或者是自己的心理治疗师，我这个同事就不会向我咨询了。她很难保持中立、客观的立场。她告诉我，毕竟罗丝没有伤害自己的女儿，也不太可能会伤害她。罗丝来接受治疗的原因是为了了解自己的感情，并尽可能以最好的方式处理感情。因为对女儿的恨意，罗丝感到烦恼和内疚，她想改变自己的感觉，但她对女儿的恨意是根深蒂固的。罗丝的女儿不好管教，充满了恶意，让罗丝想起了自己的母亲以及自己和母亲之间不愉快的关系。对于我的同事来说，作为心理治疗师，她遇到过很多类似的情况，但罗丝的情况有点儿不同，那就是她对女儿的恨意是根深蒂固的。罗丝的案例中体现出的母性攻击性和对子女的拒绝，让我的同事很难理解罗丝身处的困境。我想这个同事应该非常想看到罗丝对女儿的感觉有所改变，因为罗丝的情况看起来太不正常了。但是，即使经过治疗后，罗丝还是无法理解自己内心深处的感觉，依然无法对女儿产生好感，（顶多）学会了如何尽可能减少伤害母女关系的行为，和《凯文怎么了》中的母亲伊娃・卡特查多润和她的儿子凯文的故事一样。这可能不是一个令人满意的结局，但这样的结果却是有可能的。

矛盾母性心理最极端的形式——母性的阴暗面，在今天的社会大行其道，而人们却不敢说出它的名字。在我们进入 21 世纪后，情况似乎更为糟糕。正如我在第 1 章提到的，自启蒙运动以来，人们对母亲这一角色的理想化程度越来越高。如今，在吃、睡、玩、教育，以及情感、社交和智力培养等所有婴幼儿护理领域，人们对好母亲角色的期望都大大提高了。尽管在现代社会中，大家庭的数量越来越少，离婚率不断升高，而且出于经济和情感因素，女性还有工作的欲望，但即使是在这样的大环境下，人们依然对母亲的角色充满了完美的期待。

女性究竟是如何做到的呢？哺乳动物内在的本能行为使得动物喂养和保护自己的幼崽，直到幼崽独立，但这些本能行为的作用对人类来说是有限的，因为人类的婴儿时期和儿童时期发育的时间较长，使他们拥有了高级的大脑，人类大脑的高级功能使他们能够意识到自己的行为。如果我们对自己的直觉进行深入的思考，我们就再难以相信直觉。而且，今天的女性，尤其是中上阶层的女性往往也是我在临床工作中遇到的人，她们会进行大量的思考和阅读，经常会和朋友沟通，很担心自己对孩子的养育。来自较低社会经济阶层的女性也非常担心对子女的养育，但她们的选择更容易受到经济状况和面临的社会问题的限制（比如就业、住房、医疗和教育等），她们无法像中产阶层女性那样舒适地生活，也无法像她们那样拥有奢侈的选择。

在当下的社会，受过教育的女性在专业领域和企业占据了一席之地，她们发现，尽管日托中心和保姆也能把孩子照顾得不错，但和自己亲自照顾孩子还是不一样的，这不仅对孩子不一样，对自己来说也不一样。许多职场妈妈因此正在回归家庭。在《要男人干嘛》这本书中，莫琳·多德谈到了职场“阿尔法”女性的终结，担心她们会变成“阿尔法妈咪，开着阿尔法 SUV，摄入过量的咖啡因，以一种阿尔法式的车技开在高速公路上，一手还拿着一大杯脱脂拿铁。她们每天都运动，练就了一身阿尔法女性特有的肌肉。为了把孩子变成阿尔法式学生，她们频繁地和孩子的老师打交道，练就了阿尔法式的脾气”。莫琳·多德还提到康卡斯特（Comcast）电视台下的一个频道，这个频道是由一个大财团的前副总裁发起成立的，节目专门关注那些想为孩子做到最好的母亲们。莫琳·多德将其描述成“阿尔法妈咪电视”。“节目告诉这些妈妈要做什么，不要做什么，以及如何做得更好。”这些母亲们知道如何提升新生儿的配合程度和能力。她们学习按摩，帮助宝宝吃得更香，睡得更好。她们听“针对儿童的分离和依恋的研究解释”。她们不需要常识和想象，会把一切做得很好。

多德好奇以这种方式培养的孩子是否会长成“恐怖的、不听话的阿尔法孩子”。她引用了 2005 年《纽约时报》上的一篇报道作为例子，这篇报道讲的是在学步期的孩子中，挑食的孩子数量大大增多，他们宁愿吃炸薯条也不想吃蔬菜。但是这为什么会成为新闻？这个年龄段的孩子一直都比较挑食，只不过现在的父母们更加关注孩子的饮食、更加在乎孩子的饮食搭配是否正确。在多德看来，那些对职场感到失望的女性发现自己仍然落后于男性，她们在做母亲时也有着同样的进取精神，但实际情况比这更加复杂。

那些在子女的养育问题上尽量恪守规则并谨慎行事的母亲们，并非都曾是拿着高薪水的高管。为人父母总会让人带有一定的焦虑并且需要遵守一定的规则，因为它并不像我们想象的那样自然而然地发生。有些母亲似乎是自然派，而对于另外一些女性而言，做母亲更像是进行一场战争。而且，正如我在前文中提到的，更高级的大脑功能会为人类带来自身的问题。意识、记忆和理性思维使人类能够意识到自己行为的后果以及生命周期的必然性。人类有意识，意味着人类知道在母亲和孩子互动的过程中可能会产生有问题的感觉，意味着人类清楚身体和精神有可能会生病和死亡。

除了人类，还有哪个物种知道自己会死、自己的后代会死，并且知道为了保护后代有些事情可以做、有些事情不能做？还有哪个物种理解投入和回报的关系呢？在母亲们已经知晓自己行为的后果后，她们又怎么会像动物一样顺其自然、听天由命地对待自己的孩子呢？女性意识到自己对子女的矛盾情感是不可避免的，因此她们更想用“正确的方式”来养育子女。

我们对人类发育的理解取得了飞速的发展。对儿童发育、亲子关系、依恋理论的精神分析研究，以及神经科学领域的进步，极大地增进了我们对人类个体和人类社会功能的理解。得益于这种更复杂的理解，最近，一些针对父母应该采取何种育儿行为的建议出现了改变。然而，由于父母对养育子女的焦虑，这些更高的标准带来了其他问题。以我的朋友为例。他们都是心理非常成熟的人，他们的女儿刚做母亲，女儿告知他们“亲密育儿法”对培养婴幼儿的安全感非常重要。女儿还告诉他们，当他们带外孙时，如果他们不和外孙睡在一起，就会影响外孙的安全感，而且这种影响可能是永久性的。在“亲密育儿法”这个理论出来之前，孩子们是怎样睡的呢？他们睡在婴儿床里。他们并没有都变成缺乏安全感的孩子，而且所有用“正确”方式培养的孩子也并非都具有安全感。

在怀孕、分娩和养育子女的过程中，女性面临着巨大的生理压力、社会压力和心理压力，而且真实的压力远远要高于女性实际愿意承认和表达出来的程度。做母亲并不总是像我们希望的那样自然，也没有那么容易。因此，作为母亲，女性总会抓住一切可能用正确的方式抚养孩子。但是，试图用正确的抚养方式本身与其说是一个问题，不如说是一个人必须热爱用正确的方式行事的态度。母亲的需要和孩子的需要之间的矛盾是造成母亲们的矛盾心理的主要原因，而母亲们的矛盾心理又是她们产生焦虑和内疚的主要原因。这种焦虑和内疚使她们想尽力修复和弥补与孩子的关系，导致自己的合理需要更加得不到满足，她们的很多需要已经被不断索取的孩子蚕食了，这样一来，这些需要就更加难以得到满足。这似乎是一个恶性循环，不可避免地会造成很多痛苦。

我相信所有想要孩子的女人都想成为好母亲，我也相信她们中的大多数人都在尽自己最大的努力成为一个好母亲。不过，每个母亲首先都是一个人，都有自己与生俱来的脾气，都有自己的家庭生活经历和社会经历。而且，每个孩子都有天生的个性和遗传的天赋，尽管他们的大脑有巨大的可塑性和成长的能力。正是因为孩子有这种成长的能力，他们接受治疗的结果比成年人的治疗结果更加乐观，因为成年人的性格和神经结构更加稳定。不过，这并不意味着女性做母亲时遇到的问题就无法解决。如果说本书有什么意义，那就是强烈呼吁采取措施减轻女性在做母亲时遭受的痛苦，以及孩子们因为母亲的矛盾心理而遭受的痛苦。

我相信，作为一个社会整体，我们首先必须认识到母亲们面临的巨大压力，并且意识到她们对子女有着广泛且复杂的感情，而且这种感情是再正常不过的。我们还应该意识到做母亲的方式不只一种，每对母子都是独一无二的存在。此外，我们还应该意识到，人类是具有社会性和灵活性的生物，喜欢在生活的各个领域追随潮流，但是如果他们对子女的养育行为也受到时尚潮流的影响，从而忽略常识，就可能会导致灾难性的后果。

大家庭越来越少，使得人们无法继承上一辈人的经验和常识，这是非常可惜的。上一辈人的既得经验和常识即使不再有力量和活力，仍非常有用。这是在请求祖父母的参与吗？答案是肯定的。祖父母、阿姨、叔叔以及其他人相对来说不容易受母亲和孩子之间情绪的影响，有助于母亲们找到解决办法。

在第 2 章，我提到了我在医学院做过的一项研究，即关于第一次做母亲的女性学习婴儿护理的方式。我发现，下层社会的女性倾向于从朋友和家人那里学习怎么照顾婴儿，而中产阶层和上层社会的女性虽然也向朋友和家人学习，但她们还通过读书来学习如何照顾婴儿。两种方式中哪一种比另一种更好？我不确定。下层社会的女性只通过模仿来学习，这很可能会延续错误的育儿行为，比如用糖来哄诱孩子、把电视当成看孩子的保姆或者使用过度的体罚等。但中产阶层和上层社会的学习方式也有不足。母亲们可能会把完美主义的标准应用到育儿实践上来，例如：在母乳喂养的过程中从来不允许使用奶瓶，不论孩子的偏爱和意愿有多么强烈，任何时候都坚持给孩子最适量的营养；不考虑孩子的个性，逼迫孩子取得出色的学习成绩等。在“正确育儿”的路上，她们将自己逼到了疯狂的境地。

2006 年 5 月 16 日，《纽约客》（*New Yorker*）杂志的封面报道了这一切。封面上一个年轻的女人推着一个巨大的毛绒“轮子，轮子上有一个王冠”，王冠上放满了包裹，这个女人也背着一个很大的包裹，包裹里同样装满了东西。仔细地看，我们会发现这些包裹装的都是婴儿玩具和用品。在王冠中央，有一个小脑袋在向外张望。这张照片在 2006 年无须任何语言解释，就是一个“好”母亲带着孩子去公园散步的样子。

并非只有《纽约客》一家杂志公开地指出了现代父母的不足之处。对社会向父母提出的高要求（尤其是母亲们面临的苛刻要求），存在反对的声音已经有一段时间了，但直到最近其声势才开始变大。2009 年 4 月 13 日，奥普拉·温弗瑞（Oprah Winfrey）开始了为期一周的节目，主题是“母亲的烦恼”，在节目里，遭遇了不同问题和困境的母亲们说出了自己的故事。奥普拉说：“我们经常听到妈妈们说自己感到孤独，她们觉得自己被压垮了，有时候觉得自己能力不够。你可能会说你不敢承认，因为你害怕被批判，所以今天，我们创造了一个无批判区域，创造了一个姐妹帮，分享各自做母亲的经历。”当奥普拉在节目中探讨这个问题时，大家广泛讨论的时机就到了！

幸运的是，大多数父亲们都不太在乎正确的育儿方法。我们希望他们把事情做好，但并不总是以完美主义的标准要求他们。因此，他们往往能够很轻松地对待孩子养育的问题——除了孩子们在运动上的表现。

精神分析学家詹姆斯·赫尔佐格（James Herzog）写了大量关于父亲的文章，提出父亲在家庭中扮演着一个至关重要的角色，并称之为“父亲原则”。他认为，父亲的角色肯定了代际之间存在年龄差异的事实，以及家庭中性别不同和多样性的事实。母亲会因为“主要的母性关注”而爱上自己的孩子，从而忘记自己还是个女人和妻子。她可能会希望丈夫成为孩子的第二个母亲——赫尔佐格称之为“罗杰先生的偏爱”，她没有给成年人的性欲留下多少空间，因此，这时需要孩子的父亲来提出成年夫妻间的需求，放下孩子的需求。以下为赫尔佐格的原文：

> 面对这一重要的动态，父亲需要保持他的成年人性欲，并带领他的妻子同他一起进入这一领域，即使她的性欲可能经历了戏剧性的转变。父亲对夫妻生活的坚守，确保妻子在把他当成孩子的第二个母亲之外还把他当作孩子的父亲和她的配偶，哪怕她可能认为自己只需要他的前一种身份，暂时还没有兴趣把他当作配偶，我认为，父亲的这种能力是他拥有足够出色的男子气概和父爱的标志。

对于许多婚姻来说，孩子的母亲是奠基者，但她们却把孩子的需要置于自己和配偶的需要之前，如果家里的孩子越来越多，情况就会更为糟糕。父亲们在婚姻中保持着积极的性伴侣的形象，并且当母亲们主要的压力来自抚养孩子、帮助孩子和保护孩子时，父亲们就需要更果断地给予关心。毕竟，是父亲将孩子抛向空中，孩子对此感到高兴，而母亲们却吓坏了。

尽管我在本书中写的并不是父亲的矛盾心理（这应该是另一本书的主题），但我们却有必要意识到父亲对孩子的矛盾心理会给妻子带来多大的影响。很多男性的第一次（也许是唯一一次）出轨发生在孩子出生后，那时他们的妻子爱上了自己的孩子，对丈夫的爱相对来说就减少了。在这种情况下，孩子父亲不能很好地坚持“父亲原则”，而他的妻子满心都是对孩子盲目的爱，她因担心满足不了孩子的需要而充满焦虑，从而无法倾听或回应丈夫的需要。

幸运的是，随着孩子渐渐长大，父亲对他们来说越来越重要，从而使丈夫因被妻子和孩子排斥在外的伤口有机会愈合。他会感觉自己打破了母亲和孩子之间的排他性关系，并在做父亲的过程中找到了属于自己的回报。但是，父母之间关于孩子养育问题的分歧在孩子的整个童年时期都存在，而且必然会加剧父母双方对孩子及对彼此的矛盾心理。父母在孩子进入了青春期后会感到特别有压力，因为一向乖巧的孩子会突然变成一个长大的、冲动、叛逆和荷尔蒙分泌过多的陌生人。

在没有大家庭的情况下，朋友往往填补了这种空缺，这在中产阶层和上层社会更为常见。在大家庭的环境下，孩子母亲的姐妹、未婚的姑妈、祖父母以及家里年纪较大的孩子都是孩子母亲的支持体系，如今大家庭没有了，母亲们组成的团体和孩子们的玩耍团体弥补了部分支持体系的缺失。一方面，今天同龄人的资源都是无价的、普遍性的经验，其他母亲也在类似问题上有所挣扎。另一方面，由于所有成员都是同一代人，都在为同样不可能实现的标准而奋斗，同龄人的资源也会带来严重的问题，因此会加剧母亲的担忧和自我批评。一位熟人曾向我透露，她参加了一个非常有帮助性的母亲团体，但这个团体只讨论过一次"母性的阴暗面"。她对我说："而且，我们所有人都感到很内疚，我们再也无法回到这个话题上。"此外，这些团体中没有人提供代际的视角，也没有人从另外一个角度提出问题。没有人会说："我们从未有过这些课外活动，从未有过家长的监督和参与，我们学会了阅读、写作、思考和想象，而且，我们长成了相当体面的人。"

母亲产生和缓解矛盾心理的一个重要因素是其对工作的愿望或需要，或是从事其他和孩子无关的、有趣的和创造性的活动。母亲可以从事的活动有很多，而且每个母亲都有自己的需要、愿望和优先次序。即使我们对其中的一些活动表示怀疑（比如过度购物、强制性阅读、运动过量、过度节食甚至婚外情），母亲仍然面临着如何平衡自己的需要和孩子的需要的问题。如果一个女人不爱自己的孩子，其家庭之外的需要是轻浮的甚至是危险的，那么这就是一种错误的、微妙的阶级优越感。

无论母亲们渴望什么样的外界活动，她都需要解决两个关键问题：找到好的儿童保育，调节自己的心理。因为任何涉及矛盾母性的行为都会带来特有的痛苦。当然，如果一个母亲需要为经济原因而工作的必要性越高，她感受到的内疚和羞愧的程度可能就会越低。她可能会为自己不得不离开孩子而感到焦虑、后悔和沮丧，但她不会受到内心良知的惩罚和折磨，尤其是考虑到另一种选择对孩子更为糟糕时，比如，如果她不工作就可能会交不起房租、买不起食物。

儿童保育是一项庞大而复杂的课题，无法概括地加以处理。这个课题能出一本有特色主题的书，并且已经被人撰写过好几次了。然而，鉴于对矛盾母性的兴趣，我还是想提出一些看法。好的儿童保育即使存在，也会产生问题。母亲们希望她们能得到最好的帮助，但如果保姆和日托工作人员和孩子在一起的时间比她们和孩子在一起的时间更长，这该怎么办呢？如果保姆和日托工作人员比母亲们更有耐心和爱心，又该怎么办呢？如果这些发生在母亲们身上，她们该如何对待自己的嫉妒心呢？难道要炒掉孩子喜欢的人，重新再找一个合适的人吗？这种寻找将会让带孩子只是母亲一个人的事，因为对于一个主张孩子特权而对母亲有很高期待的社会来说，我们很少会鼓励保育员的职业和教学工作，没有为他们提供良好的薪酬和社会尊重来吸引其从事保育工作。

在这个国家，我们对母亲的待遇评价一直不高。政府未能提供一般性的保健支持，致使休产假的妇女得不到足够的支持和帮助。产假和儿童保育都被认为是人们的私事。要求政府提供这些服务或许只有在荷兰、法国、丹麦、瑞典和其他文明社会的“左翼”国家才有可能会出现。

合适的产假、合法堕胎以及广泛的、可获得的、高质量的托儿服务，这些都是政府可以提供的服务，能够缓解女性恶化的矛盾心理状况。另外一点虽不明显但非常重要的是改变和提升国家的公共教育体系。也许后面一点看起来可能没有多大联系，但在我看来，由于公立学校的质量在下降，家长们不得不过多地参与到孩子的教育中来，占用了自己大量的时间和精力，低质量的公共教育增加了教师、孩子和家长的压力。在过去的某段时间里，学校教育曾是孩子和教师的事，有家长和教师联合会，家长需要做的只是把孩子送到学校，检查孩子的成绩并在成绩单上签字，偶尔自愿地参加学校旅行。

而现在，父母参与到学校教育的各个方面。孩子们不再自己去学校上学，而是由家长接送。从幼儿园开始，孩子们就有过多的家庭作业，需要家长帮他们一起完成。整个氛围都在把孩子推向成功的目标，这就如同一种考验，满是不切实际的期望。人们从幼儿园开始就要求男孩和女孩一样学习阅读，但很明显，很多小男生要到一年级或二年级才能做好开始学习阅读的准备。而且，教学质量也明显在下降，教师不是一个受人尊敬的职业。20 世纪四五十年代，我的母亲曾是纽约市公立学校系统的一名教师，她和其他许多同事都非常聪明，受过良好的教育，但如果在今天，她们可能会成为律师和医生。这并非说她们不够努力，她们都很努力地工作，但报酬却很低，这种现状可能会使得一些最优秀、最聪明的人不愿意做教师。此外，孩子和家长面临着巨大的竞争压力，没完没了的课外活动占用了家长太多的时间，使孩子们也没有多少自由支配的时间。这些活动给家长带来了更多的压力，加重了母亲们的矛盾心理。

让我们暂时回到儿童保育的话题，母亲和保姆也存在一个隐性的问题还没有被人们完全认识到。在很多母亲的潜意识幻想中，照顾孩子的人也是她们的母亲，能够拯救她们于水深火热之中。而且，在很多保姆的潜意识幻想中，他们的雇主既是他们的父母，也是他们照顾的孩子的父母。因此，孩子的母亲必须先把保姆照顾好了，保姆才能把她的孩子照顾好。如果这只是一种简单的交换，那就没有什么问题了。而有时候，有的母亲对保姆的照顾反而比对自己的孩子的照顾还要好。如果人们没能意识到母亲和保姆之间的紧张关系，就可能会导致无法解决的局面。

这种对抚养孩子的复杂愿望是潜意识的，也是造成母亲们羞愧的原因。毕竟，我们都应该长大，不再需要父母的照顾。在我的心理分析工作中，我发现揭示潜意识的愿望和会导致羞愧心理的幻想是治疗中最敏感的问题之一。这些患者都尽可能地掩盖这些想法，使它们不被人注意到。

那么，母亲应该怎么做呢？这就引出了整个治疗问题。假设我们现在了解母性的攻击性和矛盾母性中消极的一面都是无法避免而且普遍存在的；而且，我们也认同它会给母亲和孩子带来许多痛苦和折磨，比如焦虑、抑郁、羞愧和内疚；我们还知道，母亲的需要和孩子的需要之间发生了冲突才导致了母亲的矛盾心理。我在这里做的最后一个假设是，如果女性接受自己的感觉，而且这种接受不会让她们变成不自然的贱民，不会导致她们不配做母亲或不适合成为人类，这个让人痛苦的问题就不那么棘手了，并且可以通过多种方式得到改善。

也许我们探索这一问题的最佳方式是，回顾其中某些会引发矛盾心理的母性问题，并讨论可能有效的治疗替代方案。当我意识到女性对于生孩子有着矛盾心理时，我开始从整体来看这个问题，好奇自己是否遗漏了些什么。并非是我不知道有些女性比其他人更难以接受母亲的角色，而是我认为我没有完全地意识到对于这些女性来说，要谈论这个话题是多么艰难的一件事。

在我治疗的这么多女性患者中，阿曼达是第一个直接告诉我她害怕生孩子、对生孩子的想法感到矛盾的女人，是她打开了我研究这个问题的大门。她使我意识到，有些女人不生孩子的话会生活得更好。对于很多读者来说，这也许是一件无须证明的事，但对我来说却不是如此。在某种程度上，在进化的必然性驱使下，有强烈的心理、生理和文化上的力量迫使人类进行繁殖，我对这些力量的意识使我忽视了还有其他的力量，女性出于自我保护，让她们选择不要孩子。例如我在第 11 章讨论过的安妮，由于早期和母亲的亲密关系受到了干扰，因此对她而言，生孩子无异于重新体验一次和母亲的关系，这使她变得疯狂并选择自杀，幸运的是，她最后又被自己的母性唤醒。当然，我无法确定假使没有孩子她会不会活下来，但她的矛盾心理是根深蒂固的。此外，在我看来，与有一个自杀而早早地把孩子遗弃的母亲相比，孩子不出生可能会更好。这也就是说，也许安妮对是否要孩子的矛盾心理的确存在自我保护的因素。

根据我的治疗经验，强化的心理疗法或者精神分析法能够最有效地解决要不要孩子的矛盾心理。在使用这两个术语时，我描述的是一种特殊的治疗，它的前提是人类在亲密关系上遭遇的不幸和困难源自三个方面：儿时早期的经历；贯穿整个生命周期的创伤；人类心智感知未知事物的复杂能力——将不愉快的或者害怕的想法和幻想排除在意识之外，即使人类的行为受到了这些同样无意识的想法和幻想的驱动和影响。

基于对行为的精神分析所理解的治疗方法，我们并不一定要对行为给出建议或者调整行为，这在某些情况下是有用的。相反地，这种方法寻求的是揭示和理解病人不知道的东西，帮助病人“了解”自己，并且缓解痛苦压抑的感觉，帮助他们在生活中做出更理性的选择。

精神分析心理疗法和精神分析都是基于这些假设。两者的不同之处在于，精神分析要求病人和分析师见面的频率比心理治疗要求的见面频率要高，前者是每周四到五次，后者是每周一到三次。而且精神分析在分析过程中使用沙发的频率高于心理治疗，使用沙发是为了营造一种易于产生遐想的氛围，从而使病人更容易产生联想，这样分析师才能看见病人的潜意识活动。

与支持性团体、朋友、配偶、家人，以及儿科医生、产科医生和护理顾问等专业人士的沟通，都能起到一定的作用。他们是至关重要的资源，但却不太可能使患者达到潜意识幻想的状态，就像我们之前在阿曼达、桑德拉和普莉希拉等人身上看到的状态一样。这三位女性都担心孩子的破坏力和她们自己的攻击性，而这种潜意识的心理活动很少在平日的情景中暴露出来。乔多罗在她的文章《太晚了》（*Too Late*）中，指出了导致女性寻求和生育有关的治疗的两点重要因素：一是她们完全不清楚自己对后代强烈的愿望和幻想；二是她们也不承认时间在流逝。我在临床工作中遇到过这样的情况：阿曼达在 35 岁时来寻求治疗，桑德拉在 42 岁时寻求治疗，普莉希拉在 48 岁时才来寻求治疗。她们在可能受孕的年纪都没有怀孕，都是等到“太晚了”才来寻求治疗。她们的治疗实际上是在尝试去理解自己潜意识里不想生孩子的原因，以便她们在这个问题上能够更平静地与自己和解。

短期的治疗（比如危机干预）持续的时间可能只有一到两个月，我们应该在女性面临短期抉择的时候给予她们建议，比如当她们考虑是否要堕胎，为妊娠和分娩担心；或者过度担忧婴儿护理方面的事，比如母乳喂养。我们应该在这些时候加以干预。比如我在书中第 7 章列举的莱斯利，她来找我治疗是因为担心生完孩子后会出现产后抑郁症。她的治疗时间很短，但她对治疗的态度很积极，这样的治疗帮助她平稳地度过了分娩和产后三个月。当然，如果情况得不到改善，短期治疗就要变成长期治疗了。

如果女性真的在生完孩子后患上了产后抑郁症或产后精神病，那么接受医学治疗和心理治疗与不接受任何治疗会导致非常不同的结果。为了稳定极度痛苦的症状，使用足够的精神药物治疗是必须的，而且心理治疗非常重要，有助于理解导致母亲崩溃的恐惧和矛盾心理，同样地，触发抑郁症或精神病的事件也非常重要。有些母亲可能会对此感到羞愧，不愿意公开这些经历。这点其实非常遗憾，因为治疗成功的可能性非常高，而且，如果情况很快得到了控制，这对母亲和孩子来说都是很重要的。如果某个母亲患过产后抑郁症，这并不表示她不应该再生孩子。不过，在安德烈•耶茨的案例中，她在生完孩子后抑郁症状加重，这很好地说明了患过产后抑郁症的母亲应该认真考虑是否要继续生孩子。

做母亲是一项巨大的养育工程，而且对某些女性来说，她们在做母亲的过程中有些地方更为艰难。养育第一个孩子是最难的，也是最让人担心的。新生儿是完全无助的，而他们的母亲因为第一次生孩子，分娩的过程极其艰难，以至于现在还处于筋疲力尽的状态之中。孩子的每一次哭闹、打嗝和颤抖都可能会引起母亲的焦虑。在这一阶段的生活中，家人、朋友、护士和儿科医生的帮助和支持会给新手妈妈带来极大的安慰。这个阶段可能会出现的最严重的育儿障碍就是产后抑郁症。然而在大多数情况下，新手母亲们都深爱自己的孩子，在头一两个月，孩子表现出的任何不舒服的症状都可能使她们感到迷茫和筋疲力尽，她们最终会认为只有自己才真正地了解孩子。

正如我在第 1 章指出的那样，女性可以通过责备自己或者责备孩子来处理自己的矛盾情绪。感觉内疚的母亲更愿意寻求各种各样的帮助，从向国际母乳会和护士寻求帮助，到在夫妻间和家庭中寻求解决办法，再到强化的心理治疗。满怀愤怒和怨言的母亲对自己的表现感到十分羞愧，也很担心自己受到责备，因此她们不会轻易寻求治疗。当她们寻求治疗的时候，她们一般也不愿意承认自己的矛盾情绪有多么严重。一般来说，这类女性比前一种女性的问题更为棘手，也更不容易接受治疗措施。

我想再次强调的是，母亲和孩子之间的问题持续的时间越短暂，她们需要的治疗力度就越小。如果母亲的矛盾心理所反映出的自身的问题是在孩子出生之前就已经存在的，而只不过在养育孩子的过程中变得更严重了，那么此时就需要采取更为有力的措施。

有时候，当女儿自己做了母亲，她和母亲之间就可能会出现问题。在第 10 章中，我们讨论了吸血式母性，我谈到了卡罗琳，卡罗琳认为母亲嫉妒她刚生了孩子做了母亲，因此故意激起对孩子的焦虑来阻碍她做一个好母亲。如果母亲嫉妒女儿，那她可能会对女儿得到的任何东西都感到深恶痛绝，并试图进行破坏。上一代人对下一代的嫉妒是有悖常理的，但事实往往就是如此。对于一些年老的女性来说，青春、美貌和生育能力的逝去是她们难以接受的。

对一些母亲来说，女儿做了母亲意味着女儿最终宣告独立。如果她在女儿进入学步期和青春期时很难接受女儿的独立，那么在这个时间节点，她同样难以接受女儿的独立。但是，对大多数母亲来说，她们很开心看到自己的女儿做了母亲，因为这意味着她们将要做外婆了。她们和女儿都是成熟的女人，都经历过怀孕和分娩，并将一起继续享受做母亲的过程。对于母女关系曾经出现过问题的母女来说，做外婆的过程可能是一种救赎的过程。比起做母亲，做外婆就简单多了，她们很愿意帮助女儿，也更富有经验和智慧。做了外婆后，她也许会弥补自己和女儿之间的裂痕和仇恨。事实上，当女儿们把自己的母亲看作外婆后，她们往往会重新审视自己的母亲。前文提到的瑞秋的案例中，她的母亲汉娜后来成了一个很棒的外婆，而且多年以后，瑞秋自己也能自如地做起了祖母，不再像做母亲时那样充满焦虑。此外，做祖母的经历使得瑞秋能和大儿子伊桑进一步和解。通过观察瑞秋对孙子孙女的照顾，伊桑重新理解了瑞秋对自己的养育，并受益匪浅。伊桑能从瑞秋身上学习、观察到瑞秋对孙子孙女表现出的爱，从而能够更加深刻地理解瑞秋，相信瑞秋曾经同样地爱他。瑞秋矛盾母性中积极的一面占了上风，而这也是我们对每一位母亲所期待的。

译者后记

多起女性产后携子跳楼的新闻让公众意识到了产后抑郁症的严重性，但我们仍然缺乏对母性矛盾心理的了解，对陷入挣扎和绝望的母亲们缺少同理心。不少网友在新闻报道下留言，例如“孩子真可怜”“她有没有想过孩子”等。按照本书中的分析，患有产后抑郁症的母亲在带着孩子跳楼自杀时的确是考虑过孩子的，而且认为她当时的做法是对孩子最好的选择，即这个世界这么糟糕，充满了痛苦，她要把孩子“带回去”。

许多女性迈过了生产的鬼门关，却在产后的生活里身心煎熬。她们因照顾孩子而长期缺觉，导致自身状态不佳，既要操心孩子的健康和成长，还要担心自己在职场的位置，有的还要料理家庭事务，早已身心俱疲。这个时候，如果她们还得不到家人的理解，很可能会陷入极端的境地，在情绪崩溃的那一刻，自杀往往成了她们唯一的表达方式。

产后抑郁症是母性矛盾心理的一种表现形式，《母爱向左，焦虑向右：母性矛盾心理解析》一书还分析了其他母性矛盾心理。作者芭芭拉·阿蒙德博士毕业于耶鲁大学医学院，有着 37 年的心理治疗和精神分析从业经验，也是斯坦福大学的兼职助理教授。在书中，阿蒙德博士结合自己的临床案例和文学作品中的故事，揭示了女性在做母亲时恐惧和焦虑的负面心理，说明并不是所有女性都渴望和享受做母亲，她把女性的这种心理称为矛盾的母性心理。阿蒙德博士在书中探讨了不同程度的母性矛盾心理的表现形式和内容，分析了产生这种心理的原因，并且提出了解决办法。她认为，母性矛盾心理是一种普遍的心理现象，有的女性将其表达出来了，有的女性将其隐藏在心里，而有的则拒绝承认自己有这种矛盾心理。阿蒙德博士认为，女性有这种矛盾心理是正常的，并且是可以治愈的。女性要相信自己母性的力量，相信母性中爱的一面终将战胜矛盾、恐惧和黑暗，并且在必要的时候接受心理咨询和治疗；家庭成员要理解女性做母亲时的矛盾心理，分担育儿事务，减轻女性在育儿过程中的压力；社会应当降低对女性母亲光环的期待，为女性平衡其母亲身份和其他身份提供便利。

作为译者，我很高兴能有机会翻译这本书，希望它能给挣扎中的中国妈妈们带来勇气，鼓舞她们直面母性中矛盾的一面，相信母性中爱的力量，并且积极地寻求帮助。同时，男性读者也很有必要拿起这本书，了解母性中的矛盾心理，学习如何去帮助他们的爱人。

最后，我想借此机会感谢一些人。我要感谢负责本书出版工作的编辑们，谢谢你们对我的信任，把这本书的翻译工作交给我，还给了我比较自由的翻译时间。在翻译过程中，我曾多次就疑难问题请教同事曾仪菲博士，她热情相助，我们常常就语言难点展开讨论。此外，还有王哲老师、付颖老师、刘彩虹老师、徐汇溪女士、何欢先生，他们都对本书的翻译工作提供了帮助，有求必应。在此，我对他们的帮助表示感谢！

何莹

湖北工业大学

The Monster Within: The Hidden Side of Motherhood by Barbara Almond

ISBN: 978-0-520-27120-3

Copyright © 2010 by The Regents of the University of California.

Pulished by arrangement with University of California Press through Bardon-Chinese Media Agency.

Simplified Chinese translation copyright © 2019 by China Renmin University Press Co., Ltd.

All Rights Reserved.

本书中文简体字版由 University of California Press 通过博达授权中国人民大学出版社在全球范围内独家出版发行。未经出版者书面许可，不得以任何方式抄袭、复制或节录本书中的任何部分。

版权所有，侵权必究。

北京阅想时代文化发展有限责任公司为中国人民大学出版社有限公司下属的商业新知事业部，致力于经管类优秀出版物（外版书为主）的策划及出版，主要涉及经济管理、金融、投资理财、心理学、成功励志、生活等出版领域，下设“阅想•商业”“阅想•财富”“阅想•新知”“阅想•心理”“阅想•生活”以及“阅想•人文”等多条产品线，致力于为国内商业人士提供涵盖先进、前沿的管理理念和思想的专业类图书和趋势类图书，同时也为满足商业人士的内心诉求，打造一系列提倡心理和生活健康的心理学图书和生活管理类图书。

《原生家庭：影响人一生的心理动力》

- 全面解析原生家庭的种种问题及其背后的成因，帮助读者学到更多“与自己和解”的智慧。
- 让我们自己和下一代能够拥有一个更加完美幸福的人生。

《逆商：我们该如何应对坏事件》

- 北大徐凯文博士作序推荐，樊登老师倾情解读，武志红等多位心理学大咖在其论著中屡屡提及。
- 纳入哈佛商学院、麻省理工 MBA 课程。
- 世界 500 强企业提升员工抗压内训必选。

《以画疗心：用艺术创作开启疗愈之旅》

- 艺术治疗领域权威专家的倾心之作。
- 用艺术创作的疗愈力量，进行内心的自我修复，寻找幸福的回归。

《观影诊疗室：用电影疗愈心灵》

- 英国广受欢迎的情感类广播节目主持人、权威影评人倾力之作。
- 电影治疗师精心挑选出上百部电影佳作，帮你开启一段自我疗愈之旅。

《舞动：以肢体创意开启心理疗愈之旅》

- 第一本针对国内读者编写的一部理论体系全面、案例翔实、图文并茂、可操作性极强、中西结合的舞动治疗专业教科书。
- 用创造性的肢体语言疏导自己的感情和内心冲突的舞动心理治疗可以促进个体情绪、情感、心灵、认知等层面的整合，改善心智，达到缓解心理压力的目的。

《极简个性心理学：破解人格基因》

- 诺贝尔生理学或医学奖获得者埃里克·坎德尔、美国精神病学会主席约翰·奥德汉姆、哈佛大学神经生物学教授史蒂文·海曼联袂推荐。
- 深入浅出的识人科学体系，发现人内心深处最真实的一面，在人群中找到更适合自己的存在方式与相处方式。

《戒瘾：战胜致命性成瘾》

- 美国著名成瘾治疗医学专家为成瘾者开出的独具开创性的戒瘾良方。
- 一本各类成瘾者不容错过的、脱离欲望苦海的戒瘾书。